생명을 살리는

토종 씨앗 기행 30년

안완식 지음

도서출판
이유

생명을 살리는
토종씨앗기행 30년

ⓒ 안완식, 2020

지은이 ∥ 안완식
펴낸이 ∥ 정숙미

1판 1쇄 인쇄 ∥ 2020년 4월 10일
1판 1쇄 발행 ∥ 2020년 4월 20일

기획 및 편집 책임 ∥ 정숙미
디자인 ∥ 김근영
마케팅 ∥ 김남용
펴낸 곳 ∥ 도서출판 이유
주소 ∥ 서울특별시 동작구 상도로 398-1 봉정빌딩 502호
전화 ∥ 02-812-7217 / 팩스 ∥ 02-812-7218
E-mail ∥ verna213@naver.com
출판등록 ∥ 2000. 1. 4 제20-358호
ISBN ∥ 979-11-86127-15-5 (03480)

이 도서의 국립중앙도서관 출판예정도서목록(CIP)은
서지정보유통지원시스템 홈페이지(http://seoji.nl.go.kr)와
국가자료종합목록 구축시스템(http://kolis-net.nl.go.kr)에서
이용하실 수 있습니다. (CIP제어번호 : CIP2020010894)

생명을 살리는

토종
씨앗
기행

30년

생명을 살리는 토종씨앗 기행 30년

| 목차 |

프롤로그

한국 토종작물 연구의 시작

수원 농촌진흥청 내에 국내 최초로 건립된
종자 자원 20만 점 저장 규모의 종자은행

"안박사! 유전자원을 수집만 하면 뭘 해! 있는 자원 평가해
서 품종이나 빨리 만들어 보급해야지!"

선배들로부터 많이 들었던 말들이다. 그 시절 나에게는 선
배들의 그런 말들이 식량 자급도를 높여야 한다는 뜻보다는,
그저 가시적인 연구 성과를 빨리 내야 한다는 뜻으로만 받아
들여지곤 했다.

밀 육종 포장에서 밀의 새 품종을 육종하기 위한 특성을 조
사하던 중에, 김문헌 청장님의 부름을 받고 급히 달려갔다.

"당신을 품질과장으로 발령할 테니 시험국에 와서 유전자

6

원을 관리해."

"품질과장이 유전자원 관리라니……! 맥류 품질 연구는 어떻게 하느냐?"고 따져 묻지 않은 것은 아니지만 결국 1985년 1월, 나는 그렇게 당시엔 직제에도 없었던 유전자원 연구, 즉 종자의 수집·보존·평가에 관한 연구 분야의 책임을 맡게 되었다. 그리고 바로 그것이 토종씨앗과 나의 인연이 시작된 순간이었다. 자세한 설명은 듣지 못했지만, 내가 유전자원 연구의 책임자로 발탁된 것은 아마도 1983년 일본의 쯔꾸바[筑波] 과학도시에 있는 농업연구소에서 3개월 간 유전자원에 관하여 연수했던 경험이 있어서였을 것이다.

당시 농촌진흥청에는 유전자원에 관련된 직제가 없었다. 그래서 임명장도 없이 구두로 책임을 맡게 된 나는 우선 직제상의 소속기관인 맥류연구소와 본청 시험국에서 며칠씩 번갈아가며 근무하면서 가장 먼저 해결할 일이 무엇인가를 생각해 보았다. 그리고 일단은 농가에서 사라져가는 토종종자를 수집해야겠다는 생각이 들었다. 그래서 급히 토종수집과 관련된 소책자를 발간하고 수집 봉투도 제작하여 공문으로 전국의 농촌지도소에 발송했다. 그것이 1985년이었다. 그리고 그 해에 당시 전국 방방곡곡에서 근무했던 7,000여 명의 농촌지도사를 총동원하여 1년 간 1만 733점의 토종종자를 수집하였다. 이때 수집한 토종들이 현재 농촌진흥청 국립농업유전자원센터에서 보존중인 토종자원의 근간을 이루고 있다. 특히 1985년 충주댐 수몰지역와 안동댐 수몰지역에서 우리나라 최초의 '토종종자수집단'이 수집한 토종 밭작물인 콩·옥수수·강낭콩·수수 등 9작물 77점, 특용작물인 참깨·들깨·목화·해바라기·땅콩 등 11작물 35점, 채소는 파·고추·마늘·우엉·상추 등 18작물 59점과 과수로 대추·감·살구·배·사과 등 9작물 23점 및 화훼로 산국·산옥잠·작약·가시 없는 찔레 등 16종 20점 등의 토종자원은 매우 중요한 의미를 갖는다.

내가 유전자원 연구 책임자로 일하기 시작했던 1985년 당시 종자관리실에서 보존하고 있던 종자는 3만 3,300점이었다. 그리고 1985년부터 1991년까지 6년 간 매년 4,000~2만 5,000여 점의 각종 자원을 국내 수집 또는 국외로부터 도입하여 1991년 말에 10만 6,926점을 보존하고 있었으며, 그 중 국내 각지에서 수집한 토종은 2만 8,148점이며, 국외에서 도입한 도입품종은 7만 8,778점이었다. 1985년 이후 7년 간의 수집 및 도입은 1900년부터 84년 간 수집 또는 도입한 것의 2.2배가 된다.

우리나라 최초로 농촌진흥청에 '종자은행' 설립

수집된 유전자원들의 양이 늘어나면서 보존시설의 확충이 필요해졌고, 1986년 농촌진흥청은 정문 오른편에 20만 점 규모로 국제규격에 맞는 종자은행을 신축하기로 결정했다. 그리고 관련 책임자였던 나를 여러 선진국들의 자원 보존시설, 예를 들어 미국의 국립종자저장소(NSSL), 영국의 유전자원은행(KEW Gene Bank), 일본 자원연구소 유전자원은행, 스칸디나비아 5국의 공동 유전자원은행(NGB) 등에 견학시키고, 국제식물유전자원위원회(IBPGR)의 전문가로부터 자문을 받아 각 종자은행의 특징을 살려 IBPGR의 추천 사양으로 설계하여 연건평 1,536㎡로 4℃40%RH, −18℃의 조건을 갖춘 우리나라 최초의 장단기 종자 보존시설인 농촌진흥청 종자은행(RDA Gene Bank)을 1988년에 완공하였다.

종자은행의 현관 앞에 세웠던 종자은행 표제석은 기초 공사시 지반에서 캐낸 10M/T 정도 되는 큰 돌로서, 그 전면의 모양이 벼나 보리 종자와 흡사하여 종자은행과 함께 영원히 남기고자 전면에 저명한 서예가 남전 원중식 씨로부터 글을 받아 종자은행(RDA GENE BANK)이라고 음각하여 세웠다. 그 돌은 2006년 수원시 서둔동에 새로 건립한 국립농업유전자원센터로 옮겨 세워졌다. 한편 1991년 11월에는 농업생명공학연구원 내에 유전자원 연구직제인 「유전자원과」가 신설되었고, 내가 초대과장으로 임명되었다.

우리나라에서 처음으로 외국인 전문가가 토종종자를 수집한 것은 1924년, 유전자원 연구의 할아버지라 일컫는 구소련의 식물학자이자 유전학자인 바빌로프(Nikolai Vavilov) 박사가 방문했을 때였다.

그는 서울, 수원 및 기타 지역에서 맥류 17점을 비

신축 종자은행 표지석

롯하여 여러 가지 작물을 수집하고 그 분포를 조사한 바 있었다. 바빌로프가 수집한 밀 17품종 중 13점은 유엔개발계획 (UNDP ; 개발도상국에 대한 유엔의 개발 원조계획을 조정하기 위한 기관) 지원사업의 일환으로 파견되었던 종자은행의 관련 연구관인 내가 1991년 이 연구소를 방문했을 때 분양받아 귀국하였다. 그 후 제2차 세계대전시에 일본인 다까하시에 의해서 보리 재래종이 수집된 바 있으며, 그 뒤 미국인들에 의하여 1901년부터 1976년 사이에 한국 내에서 콩 5,496점이 수집되었고, 그 중 2,294점이 현재 일리노이 대학에 보존되어 있다.

예로부터 우리의 선조들은 종자의 중요성을 인식하여 '농부아사 침궐종자(農夫餓死 枕厥種子)'라고 했다. 농사꾼은 굶어죽을지언정 종자는 베고 잔다는 뜻이다. 그 말 그대로 한국전쟁중에도 연구원들은 토종품종 보존의 중요성을 가장

수원시 서둔동에 위치했던 농촌진흥청 내에
국내 최초로 건립된 20만 점 저장 규모의 종자은행 저장고 내부

바빌로프식물산업연구소에 있는
수집 종자 리스트.
바빌로프 박사가 한국에서 수집한
토종종자의 리스트 일부

절실히 생각하고 있었기에 전쟁의 급보를 듣고도 품종보존포에 나가 이삭을 딸 수 있었고, 그래서 지금까지도 그때의 품종들을 보존할 수 있었다. 1950년 9월 28일 서울수복이 있은 몇 개월 후, 다시 후퇴가 불가피하게 되자 벼의 수도품종 약 1,000품종, 일부 주요 계통 40종 등을 대구 경북시험장으로 보내고 1·4후퇴를 맞게 되었다. 1951년엔 경북시험장에서 품종 보존을 수행하고 1952년부터 수원시험장에서 다시 시험 사업을 시작하였다.

종자 저장 체계 개선과 토종종자 수집 활동

국내 각지에서 수집되는 토종종자와 외국으로부터 도입되는 작물의 종류와 품종 수가 증가함에 따라서 종자은행에 고유의 저장 번호를 부여하는 체계가 필요하게 되었다. 도입되어 저장되는 순서에 따라서 일련번호를 부여하고 그 앞에 도입번호인 IT(Introduction Number)를 붙여 쓰기 시작한 것이 현재 국립농업유전자원센터에서 쓰고 있는 IT시스템이다.

유전자원 연구직제가 만들어진 1992년부터는 토종종자 수집도 좀 더 체계적으로 이루어졌다. 해안·도서·산간·전국의 사찰 등 지리적 격리 지역 및 권역별로 수집을 강화했고, 직원들로 구성된 토종수집단을 만들어 계획적인 수집을 수

행했다. 개인적으로는 휴가철엔 휴가 겸 수집을 하는 경우도 있었는데 잘 따라주었던 아내가 고맙다. 때로는 홀로 수집을 떠나기도 하였는데 언젠가 경기 북부지역에서 간첩으로 신고당하는 일도 있었다. 1993년 12월 생물다양성국제협약이 시행될 즈음에는 각 나라들이 유전자원에 대한 중요성을 인식하여 자국 토종 유전자원에 대한 국수주의가 팽배해지고 자국 종자가 타국으로 나가는 것을 막으려고 하였다. 특히 중국 같은 경우는 공항에서 종자의 해외유출을 막기 위하여 조사를 철저히 하였으므로 이에 대비하여 책갈피에 종자를 붙여서 감추거나 선물처럼 포장하기도

공항 검색대 조사에 대비하고자 잡지 책갈피에 접착 테이프로 붙여서 감춘 종자

하는 등 국내·외의 종자 수집 확보에 힘썼다.

　1991년부터 2000년까지 10년 동안 1만 9,225점을 전국에서 수집하였으며 연차가 경과함에 따라서 수집 점수가 감소하는 경향을 보였다. 내가 유전자원과를 책임겼던 1985년부터 2001년 사이에는 국내·외에서 작물 총 14만 7,192점의 유전자원을 수집하였으며, 그 중 토종 3만 3,686점은 누구도 그 가치를 인정하지 않았던 시기에 멸종 위기에 처한 자원이었다. 이 시기에 수집하여 보존한 토종이 현재 외국과의 생물자원 경쟁에 대비할 수 있는 중요한 기틀이 되었으며, 내가 직접 수집 또는 도입한 자원은 1만 7,036점이다.

2002년에 정년 퇴임한 이후로는 오히려 자유롭게 토종을 수집할 수 있었다. 현지의 토종종자 협력 수집으로 2008년 이후부터는 내가 만들고 주관했던 비영리단체인 「씨드림」을 중심으로 전국의 농민단체, 군 단위 지방자치단체, 농촌진흥청 국립농업유전자원센터 등과 협력하여 전국 각지로부터 토종을 수집하기도 했다. 또 전국여성농민총연합과는 제주도 35점, 청산도 10점, 함안군 17점, 횡성군 48점 및 정읍시 106점 의성 등 토종자원 실태 조사에서 총 206점의 토종종자를 수집하였다.

슬로우 시티(Slow City)로 지정된 울진군이나 청산도를 비롯해서 한국 농촌의 곳곳에서 그곳의 토종으로 생산하는 지역단위 유기농사가 늘어나고 있다. 유기농사가 이루어지고 있는 곳에서는 대체로 적당한 토종종자를 찾기를 원한다. 귀농인들을 선도하고 있는 「전국귀농운동본부」에서는 귀농자들에게 토종종자의 중요성을 인식시키는 한편 적극적으로 국내 농촌마을로부터 토종을 찾아 보존 및 활용하는 일에 참여하고 있다.

2008년에는 농촌진흥청의 특별 예산으로 강화도, 울릉도와 제주도 전역에 걸친 토종종자 수집을 수행하여 토종 60작물 460점을 수집하였다. 최근에는 군 단위 지방자치단체와 협력하여 매년 1~2개 군의 농가를 전수 조사하여 토종을 수집하고 있다. 2010년에는 사단법인 「흙살림」의 주관으로

괴산군에서 예산을 지원 받아 7
월부터 11월 사이에 괴산군 일원
에서 작물 토종종자 310여 점을
수집하였다. 2011년에는 곡성군
에서 33작물 348점을 수집하였
으며, 2012년에는 여주군과 평창
군 일원을 조사·수집하여 여주군
에서 163점, 평창군에서 132점
을 수집하였다. 2013년에는 가
평군을 대상으로 201점과 완주
군 일원에서 407점을 수집하였
다. 2014년에는 횡성군 일원에서

토종수집을 위하여 함께 애써준
토종수집단원 일부

403점을 수집하였으며, 2015년
에는 포천군에서 185점, 정선군
에서 349점, 강화도에서 470종
을 수집하였다. 특히 강화도에서
수집한 83종 470점으로는 강화
군 농업기술센터 내에 우리나라

농가에서 할머니에게 토종에 관한
내력을 청취하고 있는 저자

최초로 토종박물관을 개관하였
다. 2016년에는 안성군에서 253
점을 조사·수집하였고, 화성시
에서 288점 그리고 봉화군에서
278점을 수집하였다. 내가 2002

재래시장에서 토종종자를
찾고 있는 모습

14

년에 은퇴하고 난 이후 2016년까지 조사·수집한 토종은 모두 4,453점이다.

　토종과 인연이 되어 토종을 수집하기 시작한 지가 벌써 30년이다. 토종 한 가지에 몰두하여 살아온 삶이다. 조금만 더 열심히 노력했었더라면 하는 후회가 앞서지만 남은 세월도 내 몸을 움직여 활동할 수 있는 날까지 아직도 수집이 미흡했던 곳에 남아서 나를 기다리고 있을 것만 같은 우리의 귀중한 토종을 찾고 싶다.

　이 책은 그동안 내가 토종을 찾아다녔던 발걸음의 일부를 떠올린 것이며, 또한 남은 생의 마지막 순간까지 나서게 될 또 다른 발걸음을 위해 내가 다시 돌아보고 되새기기 위한 비망록이다. 내가 전국을 누비며 토종종자를 수집하는 동안 언제나 나의 발이 되어 주었던 박영재 님, 손이 되어 주었던 최복희 님·양인자 님을 비롯하여 토종종자를 수집하느라 나와 함께하여 주신 토종 「씨드림」의 전 혹은 현재의 여러 회원님들에게 지면을 빌어 심심한 사의를 표한다. 또한 이 책이 출판되는 데 도움을 주셨던 작가 김은식 님에게도 감사드리면서 이 글을 읽는 이들이 이 책에 엮인, 나의 볼품없었지만 짧지 않았던 발걸음의 기록들을 통해 토종에 대해 아주 작은 관심이라도 가지게 된다면, 그것 또한 아주 소중한 씨앗을 심어 싹틔우는 일과 같다고 생각한다.

　그래서, 이 책은 내가 심는 또 하나의 씨앗인 셈이다.

제1부

토종 찾아 10만리

우리 토종작물의 뿌리를 찾아 떠난
남미 볼리비아

—

우리의 발밑에서부터 지구의 반대쪽 땅까지 뚫을 수만 있다면 아마도 볼리비아쯤이 나오지 않을까? 20여 년 전인 1999년, 당시에는 비행기로 날아가기만 하는데도 이틀 가까이 걸리는 먼 나라이지만 친근감은 더 하다. 그 이유는 수천 년 전 우리와 같은 조상의 피가 볼리비아인들에게도 흐르고 있기 때문은 아닐지 모를 일이다. 두 민족의 갓난아이의 엉덩이에는 틀림없는 푸르스름한 몽고반점이 뚜렷하다. 수만 년 전 알래스카 서쪽 베링 해가 얼어붙어 있었을 때 알래스카 북미대륙을 통하여 따뜻하고 먹을 것이 많은 곳을 찾아 남하하여 내려온 몽골족의 후예들이기 때문일 것이다.

바빌로프 박사가 밝힌 작물의 기원지

우리의 식탁에 오르는 음식의 재료인 곡식과 채소, 과일,

그리고 약용식물이나 각종 향신채류 등 모든 작물들은 지구
상에 그들이 태어난 기원지가 따로 있다. 그래서 구소련의
니콜라이 바빌로프(N. I. Vavilov, 1887~1942) 박사는 그 기
원지를 8개 지역으로 나누었다.

이들 각 중심지는 다양한 식물 유전자원의 기원지로서 각
작물의 유전자원이 다양하게 분포하고 있다. 따라서 각종 작
물의 새 품종 육종을 위한 유전자원의 보고가 된다.

각 작물의 기원지는 다음과 같다.
(I) 중국 - 메밀, 콩, 팥, 배추, 복숭아.
(II) 인도 - 벼, 가지, 오이, 참깨, 토란.
　(II -a) 인도·말레이 - 바나나, 사탕수수, 야자.

19

(Ⅲ) 중앙아시아 - 잠두, 양파, 시금치, 무, 서양배, 사과, 포도.

(Ⅳ) 근동아시아 - 밀, 마카로니밀, 보리, 귀리, 당근.

(Ⅴ) 지중해 지역 - 완두, 양배추, 양상추, 사탕무, 아스파라거스,
　　　　　　　　 아마, 올리브.

(Ⅵ) 에티오피아 - 수수, 오크라, 커피.

(Ⅶ) 남부 멕시코와 중미 - 옥수수, 강낭콩, 호박, 고구마, 피망.

(Ⅷ) 남미(페루, 에콰도르, 볼리비아)
　　 - 감자, 목화, 담배, 서양호박, 고추, 토마토, 리마콩, 땅콩.

(Ⅷ-a) 칠레의 칠로에섬 - 딸기.

(Ⅷ-b) 브라질, 파라과이 - 파인애플.

　중국 중심지는 콩·살구·복숭아의 기원지이며, 인도 중심지는 벼·오이의 기원지다.

　중앙아시아는 밀·당근·무의 중심지이고, 근동 중심지는 호밀·귀리·석류·참외가 기원된 곳이다.

　지중해 중심지에서는 양배추·상추가 기원되었고, 에티오피아 센터인 이집트를 중심으로는 보리·참깨가 생겨났다.

　남부 멕시코를 중심한 중미에서는 강낭콩·옥수수·고추·목화·호박 등이 기원되었고, 볼리비아나 페루 등이 있는 남미 중심지에서는 고구마·감자·토마토·리마콩·땅콩·파인애플·담배가 기원되었다. 그 외에도 남미 중심지는 옥수수·강낭콩·고추·호박 등의 2차 중심지로서 유전자원이 풍부하게 분포되어 있는 지역이다.

고향 같은 느낌의 나라, 볼리비아

볼리비아는 남아메리카의 심장부에 위치하고 동북으로는 브라질, 서쪽에는 페루와 칠레, 남으로는 아르헨티나와 파라과이를 인접하면서 남미에서 유독 사면이 육지로 둘러싸여 있는 나라이다. 국토 면적은 1,098천㎢로 한국의 10여 배나 되지만 인구는 한국의 1/6 정도인 776만 7,000여 명이다. 위도상으로 보아 열대지대에 속하는 이 나라는 해발 200m

볼리비아 농가에서 작물 종자 수집
(왼쪽 장재기, 오른쪽 저자)

의 열대 밀림지대, 그리고 북부 반도 지대로부터 서부의 4,000~6,500m의 안데스 고원지대를 포함하는 산악국가로 연중 강우량은 고원지대의 279mm 정도에서 중부와 동부의 3,956mm를 넘는 곳도 있다. 연평균 기온은 8~9℃의 연중 서늘한 고산지로부터 몇 시간만 내려가면 26~27℃로 찌는 듯한 열대로서, 계절 감각이 뚜렷하지 않아 자기의 나이가 몇 살인지 모르는 사람도 많다.

기후환경이 다양한 볼리비아는 생물다양성이 극히 풍부하여 식물만 하더라도 1만

감자를 수확하고 있는 볼리비아의 모녀

21

9,516종으로 한국의 4.3배이며 감자, 강낭콩, 옥수수, 목화, 호박, 담배, 고추, 잠두, 오까, 퀴노아, 땅콩, 따루위 등 여러 작물이 기원된 나라이다. 중요 채소작물로 리마콩, 잠두, 풋옥수수, 강낭콩, 완두, 양파, 수박, 고추, 마늘, 토마토를 생산한다. 과일로는 주로 열대과일이 대부분인데 바나나·귤·파인애플·망고 등이 그것이며, 중남부지방에서는 사과·복숭아·포도 등 온대과일도 일부 생산된다.

농업 인구는 370만 여 명인데 전 인구의 약 58% 정도이다. 교육 수준이 낮아서 농민의 36.5%가 문맹인데 그 중 여자는 50%, 남자는 23%가 자신의 이름을 쓰지 못한다.

농작물로 감자류는 해발 1,500m 이상의 고지대에서 주로 재배되고 퀴노아는 해발 4,000m 고지에서 자라는 볼리비아 특산의 명아주과식물로 영양가가 높고 광물질·비타민 등이 풍부한 작물로 유명하다. 연간 2만 톤 정도가 생산되어 미국, 유럽 등지에 수출되는 중요한 농작물이다.

생활방식이 간단하고 생각이 복잡하지 않아서 풍성한 한 해의 농사에 만족하며 여유를 갖고 사는 이들 볼리비아 농민들이 문명이 고도에 가까우리만치 발달해 있으면서도 환경을 파괴하고 심한 공해 속에서 살아가고 있는 우리보다 더 큰 행복을 누리고 있는 것은 아닐까?

세계에서 처음으로 감자의 저장 방법을 찾다

감자의 원산지는 멕시코, 페루, 볼리비아의 안데스지구 등

라틴아메리카 고원지대인데 특히 볼리비아의 해발 4,000m인 티티카카 호수 주변이 유전자중심이라고 한다.

남미에서 감자는 3,000여 년 전에 잉카제국에서 재배되었다고 하며 감자를 건조하거나 얼려서 저장하는 방법이 이미 이루어졌다고 한다. 원산지인 볼리비아의 고산지대에서는 '쮸뇨(chuno)'와 '뚠타(tunta)'라고 부르는 얼려서 말린 감자를 저장하며 연중 식량으로 두고 먹는다. '쮸뇨'는 수확한 감자를 해발 4,000m의 고지대에서 노천상태로 얼려서 밟아 껍질까지 말려서 숯덩이처럼 검은 상태이지만 닭고기나 고산지대의 특산동물인 라마의 고기를 넣고 끓이면 독특한 맛이 있다. '뚠타'는 야간에 서리를 맞혀 얼린 것을 주물러서 껍질을 모두 깐 상태에서 타하나(tajana)라고 불리는 5m 깊이의 구덩이에 3주 동안 넣었다 꺼내어 다시 햇볕을 직접 받지 않게 3주 동안을 더 말린 감자인데 흰색이다. 쮸뇨보다는 고급으로 값이 두 배가 넘는다. 이러한 방법으로 몽골리안의 핏줄인 볼리비아의 원주민들이 세계에서 감자를 가장 먼저 저장하였다고 한다.

왼쪽 검은 감자가 '쮸뇨(chuno)'이고, 오른쪽이 '뚠타(tunta)'이다.

⟨볼리비아의 전통 감자요리 '피케마쵸'(Pique Macho)⟩

잘게 잘라 익힌 소고기와 프랑크소시지, 감자, 양파, 치즈, 피망 그리고 각종 채소 등 10여 가지를 섞어 튀긴 후 그 위에 삶은 계란과 토마토를 얹어 먹는 볼리비아식 찹스테이크이다. 마요네즈, 케첩과 같은 소스를 곁들여 먹는다. 때로는 약간 매운 고추를 넣거나 매운 소스에 찍어 먹기도 한다.

이 음식은 어느 날 술에 취한 배고픈 건장한 젊은이가 한 식당에 들어와서 음식을 청했는데 영업이 끝나서 음식이 다 떨어졌다고 하니 남은 게 있으면 아무것이라도 달라고 졸라서, 결국 식당 주인이 남은 음식을 이것저것 섞어서 한 접시를 내왔는데 마침 옆에 있던 매운 고추도 넣어 만들었다고 한다. "어때요, 젊은 양반, 젊은 남자이니 들어보시죠!"(스페인어로 'Piquen'은 '먹다'라는 뜻이고, 'Machos!'는 '남자들!'을 뜻한다.)

볼리비아로 작물 유전자원을 수집하러 가기로 계획한 동기는 한국국제협력단(KOICA) 프로젝트로 8개월 간(1997년 8월~1998년 3월) 볼리비아 정부 농림부에 파견되어 볼리비아 식물 유전자원 국가체계를 수립하는 데 도움을 주었던 경험을 살려 볼리비아가 원산지인 우리의 토종작물 자원을 좀 더 관찰하고 수집하기 위함이었다.

볼리비아는 인근 국가인 페루, 에콰도르를 포함하여 러시아의 유전자원 연구의 할아버지라고 할 수 있는 바빌로프(Vavilov) 박사가 제창하는 재배작물 기원지 제Ⅷ구역에 속한다. 따라서 이 지역이 기원지인 작물의 종류가 상당히 많다. 목화의 하나인 해도면, 호박, 담배, 고추, 잠두 등이 제Ⅷ구역에서 기원된 작물이다. 그 외에 감자, 강낭콩, 옥수수, 땅콩 등도 같은 지역에서 기원된 작물로 포함시키고 있다. 볼리비아에서 확인된 감자의 야생종은 무려 61종이나 된다.

이들 작물은 한반도까지 여러 가지 경로를 거쳐서 오래 전에 우리나라에 전래되어 재배되어 왔다. 볼리비아를 중심으로 기원된 14종류의 작물 중에서 호박, 담배, 감자, 강낭콩, 옥수수, 땅콩 등 6종류의 작물은 대부분 17~18세기경에 중국이나 일본을 경유하여 한반도에 들어와서 재배되기 시작했다고 볼 수 있다. 이들 작물들이 우리나라에서 재배되기 시작한 것은 300여 년밖에 되지 않았지만 한국의 기후와 풍토에 이미 동화되고 잘 융화되어 우리나라의 농업에 없어서는 안 될 귀중한 작물로 자리를 차지하고 있는 것이다.

수집기간은 1999년 9월 4일부터 9월 22일까지 19일 간이
지만 오가는 4일과 비자 처리기간 2일을 빼면 고작 2주일도
못되는 짧은 기간에 그 넓은 땅에서 안내를 해줄 사람도 없
고, 어느 곳에 무엇이 있을지도 사실상 모르는 상황에서 유
전자원을 수집해야 한다는 것이 막막할 수밖에 없었다.

1997년 먼저 머물렀던 경험이 수집에 큰 도움이 되다

다행인 것은 1997년 8월부터 1998년 3월까지 8개월 간 한
국국제협력단(KOICA) 주관으로 농촌진흥청 종자관리소의
책임연구관이었던 내가 볼리비아의 국가식물 유전자원 연구
체계를 수립하여 준 것으로 인연을 맺고 있는 것이었다. 볼
리비아는 많은 식물 유전자원이 부존하고 있음에도 불구하
고 그때까지 볼리비아에 적절한 연구체계가 마련되어 있지
못하였으므로 한국 전문가와의 협력 연구로 유의미한 결과
를 얻을 수 있었으며 이후 식물 유전자원 수집과 활용에 대
한 지속적인 협력연구를 추진하였다. 1999년에도 단기간에
걸쳐 유전자원의 탐색·수집을 수행한 바 있어서 앞으로도 유
망한 식물 유전자원 확보 및 활용에 기대가 크다. 내가 그곳
에 있을 당시 볼리비아의 작물 유전자원 현황을 파악하고자
전국의 농업연구기관을 둘러볼 수 있었던 것이 크게 도움이
되었고, 더욱 중요한 것은 그곳에서 전에 사귀있던 볼리비아
한인교포들과 연구기관을 방문했을 때 알아두었던 그곳 토

볼리비아 농가를 찾아 종자를 수집하고 있는 저자

박이들이 큰 힘이 되어 주었다.

　그 외에도 한 가지 큰 다행은 그나마 내가 1973년 멕시코에 있는 국제옥수수맥류연구소(CIMMYT)에서 10개월 간, 그리고 볼리비아에서 6개월 간 있는 동안에 일상생활에서 익혔던 스페인어가 그곳 사람들과 소통할 수 있는 계기가 되었던 것이었다.

　당시 한국이 IMF로 경제사정이 어려운 때여서 작은 정부 만들기 일환으로 해외의 많은 대사관을 통·폐합하는 과정에서 볼리비아의 대사관을 폐쇄하고 페루의 리마에 있는 대사관에서 영사 업무를 전담하게 되어 뉴욕을 거쳐서 페루 리마에서 비자를 받아야 했다. 리마에서 비자를 기다리는 9월 6일~7일, 이틀 동안 시장과 라 몰리나 대학에서 96종 290점이나 되는 종자를 수집할 수 있게 된 것은 오히려 라파즈로 직행한 것보다 다행스러운 일이었다. 리마에서 수집한 자원은 주로 옥수수를 비롯하여 리마콩, 땅콩, 강낭콩, 잠두 등의 두류자원과 고추, 호박, 보리, 밀, 꽃 종자 등이었다.

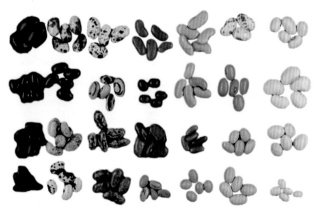

페루 리마에서 수집한 강낭콩의 여러 가지

볼리비아에서 수집한
리마콩, 땅콩, 강낭콩, 잠두, 고추, 호박

수집한 자원은 페루 대사관에 맡기고 볼리비아의 라파즈로 들어갔다. 라파즈 공항은 안데스산맥에 위치한 해발 4,000m 고지여서 비행기에서 나오면서부터 숨을 쉬는 것이 평소와 좀 다르게 느껴졌다. 공기의 밀도가 낮아 산소의 양이 낮은 지대보다 적다고 한다. 그래서 처음 이곳에 오는 사람들은 고산병으로 고생하기가 십상이란다. 산소를 아껴 쓰기 위해서 뛰어서는 안 되고 처음에는 걷는 것도 천천히 걸어야 한다.

9월 8~9일에는 라파즈 시장에서 종자를 수집하였다. 9월 14~18일에는 볼리비아에서 가장 살기가 좋다는 해발 1,800m의 중부지대인 코차밤바에서 수집하였다. 낮에는 부지런히 다니면서 종자나 호박, 토마토, 고추, 가지 등의 과실을 사서 모으고 밤이면 과실의 배를 가르고 씨를 빼서 방에 종이를 깔고 말렸다.

❶ 볼리비아 안데스 산이 원산지인
   감자 토종
❷ 볼리비아가 원산인 옥수수 종자
❸ 볼리비아가 원산지인 고추의 여러 가지

29

9월 10~13일 4일 간은 볼리비아에서 가장 저지대인 해발 300m의 따리하 지방을 중심으로 시험장과 농가를 방문하여 수집하였다. 교통수단으로 하루에 미화 100달러씩을 주고 차와 운전기사를 함께 빌렸다. 남부지대에는 땅콩, 옥수수, 고추, 호박과 같은 자원들이 많았다. 농민들이 순박하고 순수함이 아마도

볼리비아 호텔에서
수집한 씨앗을 말리고 있는 장재기 연구관

우리나라의 옛날 시골의 모습이 아닐까 생각되었다.

볼리비아에서 그때 수집한 식물 유전자원은 주요 식량자원으로 옥수수·강낭콩·감자·보리·밀·퀴노아 등이었으며 특용작물로 땅콩을 비롯한 여러 가지 허브 자원, 그리고 원예 자원으로는 고추·호박·상추·완두·리마콩·마늘·토마토·가지 외에도 1년 초화류 등 114종 647점이었다. 이러한 큰 성과는 주위의 많은 도움 덕분으로 알고 지금도 깊이 감사드리며, 간접적으로는 해외 대사관과 정보기관 등의 유기적인 협력도 큰 몫을 하였다.

씨앗 도둑

—

지금도 그때를 생각하면 얼굴이 달아오른다. 아직도 그때 그 일이 잘못한 일이었는지 아니면 작은 의협심의 발로였는지, 어느 쪽이 바른 길이었는지를 판단하기 어렵다. 다만 '우리'를 위한 생각의 발로였다고 자위해 본다.

1998년 11월 말경 '한-베트남 국가 간 식물 유전자원 협력'을 공식화하기 위하여 2주 동안 베트남의 식물 유전자원 관련 연구기관을 순방할 때였다. 마침 농업유전연구소를 방문하게 되었다. 이 연구소는 박사가 13명이고 연구원이 총 130명이나 되는 베트남의 유수한 연구기관이었다. 부소장, 기획실장과 홍 투엩 민 세포유전 및 원연교잡 실장이 배석한 가운데 소장으로부터 기관 소개를 받았다.

홍 투엩 민 박사는 미모의 중년 여교수로 감온성웅성불임을 이용한 벼 육종연구를 수행하고 있었다. 연구실 내에서

기관에 대한 소개를 받고 포장에 나아가 그의 자랑을 들었다. 주식량인 벼의 증산을 위하여 새로운 품종을 육성하는 방법으로 아주 중요한 감온성웅성불임(TGMS=Thermo-sensitive Genic Male Sterile) 계통을 이용한다는 것이다. 실제로 우리나라나 일본의 경우는 아직 벼의 잡종 1세대 품종을 활용하고 있지 못하지만 중국의 경우는 70% 이상의 넓은 면적에서 잡종 1세대 품종을 재배하여 20% 이상의 증수 효과를 내고 있다고 한다.

직업의식일까! 새로운 종자 소리만 들어도 귀가 솔깃한 판에 좋은 특성이 있는 계통이라고 하니 벌써부터 이 종자를 얻어가야겠다는 생각에 마음이 상기되기 시작하였다. 홍 투옡 민 박사가 이것이 평균기온 24℃ 이하에서는 정상적으로 수정 성숙이 되지만 28℃ 이상에서는 웅성불임이 되는 감온성웅성불임(TGMS) 계통이라고 설명하는데, 몇 개체가 이미 누르스름하게 종자가 성숙되어가고 있는 것이 보였다. 홍 투옡 민 박사의 설명이 끝난 뒤 분양을 해줄 수 없느냐는 나의 물음에 잠시 생각할 겨를도 없이 단호히 거절당하고 말았다. 그리고는 그녀가 돌아서자 나도 모르게 매만지던 한 이삭의 일부를 훑어 손에 쥐었는데 내 앞에 나를 안내하고 왔던 베트남 농업과학기술연구소의 종자은행 소속의 마이띠 뽕안 박사가 서 있는 것이 아닌가! 마치 1991년 중국 북경에 있는 국제식물유전자원연구소 주관으로 북경에서 일본·중국·한국·북한·몽골 등 5개 국가가 식물 유전자원 동아시아 회의에 참석했을 때 중국 농업과학기술원의 왕수 연구원으로부터 받은 채소 종자와 북경시장에서 구입한 종자를 선물상자로 거짓 포장하여 나오는데 공항의 검색대에서 일일이 조사를 받았을 때처럼 가슴이 두근거림을 어쩔 수가 없었다.

뽕안 박사는 50대 중반의 능력 있는 여성이었는데 나를 잘 이해하고 있었기에 며칠 안 되는 동안이지만 친하게 지내어 – 물론 지금도 이따금 전자우편을 교환하고 있다 – 다소 안심은 했지만 무안하고 가슴이 두근거려 어쩔 줄 몰랐다. 그런데 이게 웬일인가, 포장에서 나와 돌아가려는 순간 홍 투엩 민 박사가 이삭 두 개를 내 손에 건네주면서 특별히 주는 것이니 돌아가서 연구해 보란다.

순간의 기쁨이란 당해보지 않고는 느낄 수 없는 감정이었다. 홍 투엩 민 박사가 그렇게 예뻐 보일 수가 없었다. 그만큼 내가 조금 전 저질렀던 그 행동에 대한 수치심에 얼굴을 붉힐 수밖에 없었지만 그가 나의 기분을 알아차리고도 모르

베트남 농업유전연구소에서 육성한
감온성웅성불임계통의 벼

는 체했는지 모를 일이다. 내가 떠난 다음 내 행동에 대한 얘기가 홍 투엘 민 박사와 마이띠 뽕안 박사 간에 오간 건 아닐는지 자못 궁금하지만 물어볼 수도, 또 물어볼 가치도 없는 일이다. 그러나 아직도 나의 큰 실수가 작은 의협심 정도로 덮어지기를 바라는 마음이다.

싸 줄 종이를 찾는 그녀에게 가지고 다니던 작은 비닐봉투를 꺼내주니 하는 말이 "역시 수집가(Collector)로군요." 한다. 무안한 마음을 감추고 웃을 수밖에……

다시 집무실에 돌아가 그가 만들었다는 히비스커스차를 마시고 기쁜 마음에 그 친구들의 사진을 찍어주었다. 작별인사로 볼에 키스까지 받았으니 오늘은 정말 운 좋고 기분 좋은 날이 아닐 수 없다.

토종 찾아 10만리

—

이 글은 전주MBC 창사 35주년 기념 특별다큐멘터리 "토종" 취재를 목적으로 한 18일 간의 〈지구 한 바퀴 세계여행 (2000년 3월 5일~3월 22일)〉 기행의 일부이다.

전주MBC방송국의 황일묵 프로듀서와 촬영팀을 대동하여 멕시코 오브레곤 시에 있는 국제맥류옥수수연구소(CIMMYT)를 필두로 미국의 벨츠빌에 있는 농업연구청(ARS), 워싱턴에 있는 스미소니언 국립식물원, 일리노이 농과대학의 국립 콩 종자 보존 시설, 유명한 콩식품회사인 ADM(Archer Daniels Midland Co.) 등을 방문, 취재한 후 한국의 토종 밀과 보리의 보존·이용·현황을 취재하기 위하여 일본의 오까야마 대학과 국립농업연구소(NIAS)를 방문하였다.

쌀 시장 개방에 맞서 우리 쌀의 경쟁력을 향상시키기 위한 방편으로 전북농업기술원의 송영주 박사는 '벼, 보리 동시파종' 연구를 시도하려고 마음먹었지만 이 시험에 꼭 필요한, 완주 지방에서 옛부터 재배해 왔다던 완주 봄쌀보리를 전남·북의 있음직한 농가나 종자은행 등을 다 뒤져 보아도 우리나라의 어느 곳에서도 찾을 수가 없었다.

그런데 놀랍게도 동행 취재 기간 중에 일본의 생물자원연구소 종자은행에서 완주 봄쌀보리를 발견할 수 있었다. 이렇게 우리가 알게 모르게 우리 곁에서 사라져 간 토종은 완주 봄쌀보리말고도 수없이 많을 것이다.

국제맥류옥수수연구소(CIMMYT)와 보로그 박사

태양의 나라 멕시코 하늘에서 바라본 3월의 멕시코 소노라의 야퀴평야는 밀이 황금빛으로 익어가고 있었다. 비행기 위에서도 지평선 끝이 보이지 않는 이곳 야퀴평야에 심겨진 밀은 다름 아닌 우리의 토종인 '앉은뱅이밀'의 유전자가 섞여 있는 반왜성 밀 품종들이었다. 제2차 세계대전 후 앉은뱅이밀의 유전자가 들어간 '농림10호'라는 일본 밀이 미국을 거쳐 멕시코로 들어가 밀의 수량을 두 배 이상으로 획기적으로 증대시킬 수 있는 '소노라밀'을 탄생시켰다.

소노라밀은 녹색혁명의 주역이 되었고 나아가 인도, 파키스탄, 필리핀을 위시해서 아프가니스탄, 스리랑카, 인도네시아, 이란, 케냐, 말레이지아, 모로코, 태국, 튜니시아, 터키 등 제국의 기아를 해결해 줌으로써 보로그(N.E. Borlaug) 박사

보로그 박사　　　멕시코 오브레곤에 있는 CIMMYT 밀육종포장에서
(왼쪽부터 저자, 보로그 박사, 라자람 박사)

에게 1970년 노벨평화상을 안겨주었다.

　보로그 박사는 노벨평화상 수상에 임한 특별강연에서 "식량은 이 세상에 태어난 모든 사람의 도덕적 권리이다. 식량이 없이는 사회정의를 위한 모든 다른 요인들은 무의미한 것들이다."라고 열변을 토하면서 "평화를 바라거든 정의를 길러라. 그러나 더 많은 식량생산을 위하여 땅을 갈아라. 그렇지 않으면 평화는 없으리라."고 힘주어 말하였다.

　평생을 밀 육종 연구에 몸 바쳤던 국제맥류옥수수연구소(CIMMYT)의 보로그 박사의 집무실에는 지금도 노벨평화상 상장과 사진들 그리고 많은 문헌들이 있고 그것들을 나이 많은 여비서가 지키고 있었다. CIMMYT 종자은행의 밀 보존목록에서 우리나라의 토종밀인 충북3호, 해주올밀, 재래종, 서선27호, 수원92호 외에도 많은 낯익은 이름을 볼 수 있었지만 불행하게도 대부분의 우리 토종들은 이름만을 남긴 채 종자를 찾을 수는 없었다. CIMMYT가 위치하고 있는 멕시코는 봄밀 재배지대여서 본래 가을밀인 우리 토종밀들이 그 환경에서 특수 처리를 하지 않고는 살아남을 수가 없었기 때문이라고 이곳 종자은행 책임자인 스코프만드 박사는 말하였다.

미국 농업 연구의 심장부인 메릴랜드 주의 벨츠빌 농업연구센터(BARC)는 100년의 역사를 자랑한다. 이 건물 3층에 소중히 보관되어 있는 수십 권의 책에는 미국이 미래의 자원으로 일찍이 1800년 초부터 세계 각국에서 수집해 온 자원의 목록이 상세히 기록되어 있다. 1910년 4월 춘천에서 미국 사람 로버트 무즈가 수집해 간 수수, 기장, 콩 등 우리나라 토종종자를 시작으로 하여 현재 미국에는 한국이 원산지인 315종 6,060점의 토종종자들이 보존되어 있다. 그 중에서도 일리노이 대학에 보존되어 있는 콩은 3,824점으로 다양하다. 미국에서 보유하고 있는 모든 콩 자원 중 20.3%나 되는 한국 콩 종자는 현재 미국 품종을 육성하는 데 기여한 바가 크나. 미국 모든 콩 품종의 중심 바탕이 되고 있는 토종콩들은 한국과 중국 그리고 일본에서 들여온 모두 35품종인데 그 중

미국 모든 콩 품종의 중심 바탕이 되고 있는 한국 토종콩 6품종
(하버랜드트, 칸로, 랄소이, 조군, 코란, 아크쏘이)

하버랜드트, 칸로, 랄소이, 조군, 코란, 아크쏘이 등 이름조차
미국말로 바뀐 6품종이 한국에서 수집해 간 콩이다.

세계적인 명성을 자랑하는 일리노이 대학 국립콩연구센터
의 넬슨 박사는 "한국의 토종콩을 이용하여 수량성을 높였
고, 한국이 원산지인 금두와 백태 등 두 가지 콩으로부터 콩
의 단백질 소화 효율을 높일 수 있는 트립신 인히비터(trypsin
inhibitor ; 트립신 억제 인자)가 없는 획
기적인 콩 품종을 개발하는 데 결

단백질 소화 효율을 높일 수 있는
획기적인 콩 품종을 개발하는 데
결정적 역할을 한
한국의 금두와 백태 등

39

정적 역할을 하였다."고 고마움이 섞인 어조로 말했다.

미국의 콩 연구

미국에서 콩이 재배되기 시작한 것은 불과 100년 전으로 우리나라, 중국, 일본에서 건너간 콩이 미국의 신품종이 되었다. 이제 미국은 광대한 영토를 앞세워 전세계 콩의 60%를 생산하는 세계 제일의 콩 수출국이 되었다.

예로부터 콩은 '밭의 쇠고기'라고 불릴 만큼 단백질, 지방 등 영양가가 풍부한 작물로 알려져 왔다. 그런데 최근 미국에서는 콩이 보다 새로운 각도로 주목받고 있다. 이른바 콩 혁명으로까지 불리며 새천년의 건강식품으로 지목되고 있는 것이다.

1999년 10월 미국의 수도 워싱턴에서 열린 '제3회 세계 콩 학회'에서는 "만성질환의 예방과 치료에 미치는 콩 식품의 역할"이라는 주제 하에 600명의 많은 세계의 저명학자들이 모여 콩에 대한 높은 관심을 반영하였다. 이날 심포지엄에서는 콩 속에 숨겨진 기능 성분이 유방암은 물론 전립선암, 골다공증 그리고 치매 같은 만성질환을 예방하고 치료하는 데 탁월한 효과가 있다는 임상 결과가 대거 발표됐다.

항암연구에서 독보적인 위치에 있는 미국립암연구소의 켈로프 박사는 1991년부터 콩의 항암효과를 조사하고 있으며 200명의 연구자가 콩의 기능성 물질인 아이소플라본 (isoflavone ; 여성호르몬인 에스트로겐과 비슷한 기능을 담당하는 콩단백질의 하나)의 항암 효과에 대해 연구를 하고

40

있는데 1998년 한 해 무려 100억 원의 예산이 투입되었다고
말했다.

콩의 기능성 물질 연구에서 앞서 있는 일리노이 대학의 안
드레아스 박사팀은 최근 콩의 항암 효과에 대한 매우 흥미로
운 연구 결과를 발표하였다. 태어난 지 50일 된 쥐를 이용한
연구에서 안드레아스 박사팀은 콩 사료를 먹인 쥐가 일반 사
료를 먹인 쥐에 비하여 유방암의 발병이나 진전이 현저히 낮
았음을 발견하였다.

콩이 만성질환에 좋다는 보도가 계속되면서 미국에서는
콩 식품이 각광을 받고 있다. 특히 1998년 가을 미국 식품의
약국(FDA)에서 하루에 콩 단백질 25g을 섭취하면 심장병의
위험을 낮춘다는 발표가 있은 뒤부터 콩으로 만든 음식은 인
기가 치솟았다. 시카고의 한 수퍼마켓을 방문하였을 때 취
재팀도 놀랄 정도로 여러 가지의 많은 콩 식품을 볼 수 있었
고, 아예 콩 식품 코너가 별도로 마련되어 있었다. 샐러드용
의 볶은 콩, 콩가루, 콩버터, 콩소시지, 콩베이컨, 두부, 콩버
거, 두유 등 50여 가지가 넘는 제품군이 있다고 그곳 판매원
이 말했다.

시카고 시내에서 서부로 세 시간 반 정도 이동하면 세계적
인 곡물기업인 ADM 회사가 있다. 미국과 세계 각국에 205
개의 공장을 가진 이 회사는 식품, 음료, 사료 등 곡물에 관한
모든 것을 만들어 낸다. ADM에서 콩 제품을 만들기 시작한
것은 불과 10년 전, 그러나 이제 콩이 ADM 회사의 주력 곡

물이 됐을 정도로 다양한 콩 제품이 만들어지고 있다. 이곳에서 생산되는 콩 제품만도 콩버거, 콩아이스크림, 건강보조식품 등 20여 종에 이르고 있다. ADM은 새천년을 이끌어 갈 건강식품으로 콩을 선택한 것이다.

오까야마 대학의 우리나라 토종보리

18일 동안 멕시코, 미국, 일본 등 3개 국가의 우리나라 토종종자와 관련된 여러 연구기관들을 방문 취재하기란 그리 쉬운 일정이 아니었다. 특히 현지의 교통 사정을 사전에 모두 파악할 수 없는 경우 더욱 난관이 있게 마련이었다.

비행기 안에서 밤을 지내는 것은 미국을 오가노라면 늘 있는 일이지만, 시카고에서 취재를 끝내고 일본 나리타 공항에 도착한 3월 16일 오후 4시에 바로 17일 오전 구라시키에 있는 오까야마 대학의 다께다 교수와의 약속을 지키기 위하여 그날 밤 선라이스 침대열차(Sunrise express = Sanraizu-Izumo)를 타야만 했다. 해맞이 열차라고나 할까! 밤 10시에 동경을 출발해서 새벽 6시 44분 구라시키에 도착하는 이 침대열차는 승차권 10,820엔과 특급침대권 10,500엔을 합하여 21,320엔이니 당시의 한국 돈으로 21만 원이 넘는 셈이다. 세상에 살다가 추억거리가 하나 더 늘었다.

두 주일 동안에 지구의 완전 반대편을 섭렵하느라 시차 적응이 되지 않아 신체적인 고통이 클 수밖에 없었다.

새벽에 역 근처 작은 호텔에 짐을 풀고 내부에 있는 식당

에서 일본식 식사를 마치고 늦을세라 오까야마 대학 자원생
물학연구소를 찾았다.

　포장에서 파랗게 자라고 있는 진주, 마산, 전남대맥, 신14
호……. 우리 이름이 붙은 푯말을 보노라니 야릇한 감회가
앞선다. 지금 이곳 오까야마 대학의 −30℃의 저온저장고에
보존되고 있는 한국토종 462품종의 보리는 1900년 초부터
한반도에서 수집해 간 우리의 토종보리들이다. 우리 것이 어
떻게, 왜 이곳에 와 있어야 하는가 하는 생각보다도 우리가
아무 생각없이 이 귀중한 토종들이 사라져 감을 방치했을 때
그들은 벌써 이 토종들의 소중함을 알고 있었던 것이 인상적
이었다. 몇몇 생각이 앞섰던 − 오까야마 대학의 다까하시 교
수 등 − 학자들이 아니었다면 이들 토종들은 지금은 빛을 보
지 못한 채 영원히 지구에서 사라졌을지도 모를 일이었다고
생각하니 한편으로는 다행스럽게 생각되었다. 이들 토종들
은 그동안 추위에 견디는 특성, 습해에 견디는 특성, 염해에
견디는 특성 등을 갖추어 여러 가지 육종 재료로 활용될 수

오까야마 대학에서 재도입하여
찰쌀보리 품종 육종의 바탕이 된 토종찰쌀보리 '마산과맥'

있었고 1980~90년대에는 한국에서 마산 찰쌀보리를 재도입하여 보리의 입맛을 좋게 하는 찰보리 품종 육종의 바탕을 제공받았다.

전주MBC 창사 35주년 특별 다큐멘터리 "토종"을 위해 취재·기행하면서 가장 보람 있었던 것은 우리의 토종이 우리도 모르게 전 세계에 나아가서 세계인의 먹거리로 크게 공헌하고 있다는 중요한 사실의 재발견과, 또 앞으로 우리 토종이 가져올 수 있는 가능성이었다. 미국의 종자은행에 나가 있는 315종 6,060점과 일본자원연구소에 있는 한국 원산 재래종 3,851점 그리고 오까야마 대학에 있는 보리 462품종에 대한 목록을 입수하고 또 그 종자들을 되돌려 받기로 약속 받았다.

토종을 찾아 10만 리를 헤맨 뜻은 토종을 먹고 살아온 우리가 토종이 얼마나 중요한지를 재인식하고 또 우리가 알게 모르게 잃어버렸던 토종을 어떻게 다시 모아 앞으로 새롭게 쓸 수 있을 것인가, 즉 '온고이지신(溫古而知新)'의 깊은 뜻을 되새겨 보고 싶다는 것이다.

지구 한 바퀴를 짊어지고 온
참외 종자 832품종

—

　지금은 말할 수 있을 것 같다. 24년 전의 일이니 시효가 소멸되지 않았을까? 참외 종자 832품종이 들어 있는 큰 종이 포대 자루를 러시아의 페테르부르크의 바빌로프식물산업연구소(VIR)에서 받아 지참하고 유럽, 남·북 아메리카, 아시아 등 11개 공항을 거쳐 김포공항으로 입국하는데 여러 곳의 국제공항을 무리 없이 통과하는 데 성공하였다.

　1995년 3월 12일부터 4월 1일까지 3주 동안에 걸쳐 TBC 대구방송국이 주관하는 선진 외국 식물 유전자원 운용 실태 취재 협조차 러시아의 페테르부르크에 있는 바빌로프식물산업연구소와 쿠반에 있는 러시아 국립종자저장소, 미국 농무성 식물유전자원연구소와 미국 덴버에 있는 미국 국립종자장기보존소(NSSL) 그리고 멕시코 오브레곤에 있는 국제맥류옥수수연구소(CIMMYT)에 동행하였다. 거의 지구 한 바퀴를 돌아오는 긴 여행이었다.

바빌로프식물산업연구소는 1924년 바빌로프 박사가 창설하여 당시 100여 년의 유전자원에 관련한 긴 역사와 함께 연구원을 포함하여 소속 인력이 750명이나 된다. 유전자원으로는 바빌로프 박사가 전세계에서 직접 수집한 종자 자원 155과 304속 2,539종 33만 1,000점을 보존하고 있었다. 한국은 1991년에 와서야 종자 저장 시설이 완비되고 유전자원과 관련된 직제가 만들어졌으며 보유 종자 자원은 러시아의 1/10 정도인 3만 3,300점이었으니 가히 유전자원에 대한 내용을 비교할 수도 없었다.

당시에 다행인 것은 바빌로프식물산업연구소에서 유전자원 입·출고 담당자이면서 전문가인 브레닌 박사가 자문관으로 우리 연구실에 한동안 머물렀기에 그곳의 사정과 자원 리스트를 받아볼 수 있었다는 것이다. 리스트에는 탐나는 자원들이 많았는데 우선적으로 눈에 띄는 것이 멜론(참외) 유전자원이었다. 멜론은 중앙아시아인 우즈베키스탄이 원산지인데 1992년 이전에는 우즈베키스탄도 러시아에 속해 있었기 때문에 그곳의 멜론 자원을 모두 수집하여 보존하고 있었다. 그때에는 국가 간 유전자원의 분양 이용에 대한 규제가 수월한 편이었기에 바빌로프연구소에서 보유하고 있는 멜론 자원 832점을 모두 분양해 줄 것을 요청하여 승낙과 약속을 받은 터였다. 이번 기회가 지나면 다음에는 아마도 국가 간 자원 분양 교환이 쉽지 않을 것을 우려하여 한 번에 많은 자원을 요청하고자 하였다. 한편 브레닌 박사가 한국에 체류하는 동안 칙사 대접을 하였다.

　귀국 후 보내준다던 종자를 받지 못한 채 브레닌 박사가

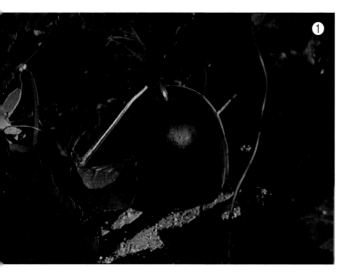

❶ 러시아의 흑참외
❷ 러시아의 멜론

있는 페테르부르크의 바빌로프식물산업연구소에 TBC 대구 방송국의 이수한 프로듀서와 촬영팀이 함께 도착하여 보내 준다던 멜론 종자의 자초지종을 물으니 식물방역증과 함께 종자가 든 큰 포대 하나를 내놓는다. 그것도 헝겊도 아닌 종이로 만든 포대여서 정말 의아했다. 항공우편으로 보낼 예산이 없어서 싸놓고 기다리는 중이었단다. 이렇게 큰 연구소에 포장 재료나 운송료가 없다니? 한심스럽기도 했지만 당시 러시아의 경제 사정을 짐작할 수 있기도 하였다. 당시 러시아는 체제 전환과 함께 경제적으로 최악의 상황을 맞아 화장실 문고리나 변기가 고장이 나도 고치지 못하고 전기가 들어오지 않는 때가 많았다. 무턱대고 언제까지 기다릴 형편도 아니고 해서 내가 직접 가져가야겠다는 오기가 문제의 발단이었다. 식물방역증이 있으니 무슨 문제가 있으랴 싶었다. 항공 스케줄이 꽉 차 있어서 우편으로 부칠 시간도 없거니와 귀중한 자원이라 내가 직접 가지고 가야겠다는 배짱으로 둘러메고 가기로 마음먹었다.

40리터 정도 크기의 2중 종이봉투라서 그리 무거운 것은 아니지만 거추장스럽긴 했다. 그래도 이 보따리가 귀한 자원이라는 생각에 마음은 흡족했다. 다만 언제든지 공항에 내려서 입국할 때가 가장 괴로웠다. 종자를 지참하고 있다고 하면 아무리 식물방역증이 있어도 많은 시간이 지체되어 며칠이 걸릴 수도 있었다. "에라, 걸리면 나중에 해결하고 신고하지 말고 들어가자!" 페테르부르크, 네델란드의 암스테르담,

미국의 달라스·메트로폴리탄·덴버·툭손, 멕시코의 오브레곤·티후아나, 미국 LA, 일본 나리타, 대한민국 서울 등 모두 11개의 공항을 차례로 통과해야 했다. 나중에 많이 후회했지만 최선을 다하는 수밖에 없었다.

꼭 한 군데 멕시코를 입국할 때 씨우다드 오브레곤 공항에서 검색에 걸렸는데 못가지고 들어간단다. 사정사정하고 떼를 쓰고 급기야 100달러를 내라는 요구에 뇌물을 쓰고 통관시켰다. 어느 나라든 식물이나 동물을 지참하고 입국하려면 신고해야 하는 것이 정상적인데 입국 공항마다 이를 어기고 통관한 것에 대한 나의 잘못을 늦게나마 크게 뉘우쳤다. 모든 일은 순서와 과정을 거쳐야 하는 법, 그리고 차분히 기다릴 줄도 알아야 하는 것을……

그래도 이렇게 어렵게 들여온 멜론 자원 832점은 성주에 있는 과채류시험장에 보내서 증식도 하고 평가해서 새로운 참외 품종 육종을 위하여 이용하고 있어서 모든 어려움을 무릅쓰고 들여온 보람을 느낀다.

북한 유전자원 전문가들과의 만남

—

"북조선에서 온 A입니다. 남조선에서 오셨지요? 만나서 이야기 좀 합시다."

전혀 상상 밖의 전화 음성으로 들려온 소리는 분명 억양은 다르지만 말은 한국말이다. 철렁 내려앉는 가슴을 추스르고 순간 마음을 가다듬어 좀 내려앉은 목소리로 대답했다.

"네, 그런데요. 안완식이라고 합니다. 반갑습니다. 만나서 말씀하시지요. 그런데 저……, 나는 다른 한 분과 둘이 왔는데 이왕이면 우리 방에서 같이 만나시지요?"

"예, 그게 좋갔습네다."

그쪽의 대답이었다. 그쪽에서 우리보다 적극적으로 나오리라고는 생각 밖이었기에 - 아마도 중국이라는 그들의 이웃사촌의 집이었기에 그렇지 않았을까 - 마음이 흥분된 채로 당시 농촌진흥청 원예시험장장이시던 김정호 박사님 방에 전화를 걸어 자초지종을 말했다. 마음이 흥분될 수밖에 없던 것이 생전 처음 말로만 듣던 북한 사람들 – 뭐 겉모습이야 같을 터이지만 – 과 통화를 하고 만나야 한다니 꼭 붙잡혀 가기나 하는 것처럼, 그들의 마음속이나 눈빛까지도 빨갛게 생각되던 그런 때였기 때문이었으리라.

1990년대 중국 교수 봉급은 250위안(50달러)

1991년 4월 26일~4월 27일, 국제식물유전자원위원회(IPGRI) 동아시아 국제식물유전자원 워크샵이 북경에 있는 중국농업과학기술원에서 열렸는데 당시만 해도 중국과의 정식 수교가 없던 때라 홍콩을 거쳐서 급행료를 70달러나 물고 비자를 내서 중국에 들어갈 수 있었다. 당시 중국은 사유재산 제도가 인정되기 시작하여 개인사업가가 점증하고 있었고 대도시의 인구 집중 방제를 위하여 이주한 곳에서 직장을 얻기가 힘든 제도를 쓰고 있었다. 사회주의 제도하의 중국 국민들은 마치 길이 잘 들은 충복 같아 보였고 의욕이 없어 보였다. 직업 간 또 상하 간의 노임차가 심하지 않았는데 공무원 초임은 80위안, 교수급은 250위안(미환율:5.1위안) 정도였다. 사회주의 사회에서의 국민 문화생활은 의·식·주의 훨씬 다음으로 밀려서 집세는 월 2.8원으로 거의 거저인 편이고 일상 생활용품의 값은 극히 싼 편이지만 개인 문화 생활용품인 꽃은 한 달 월급으로 집에 꽃 몇 송이밖에 사지 못할 정도였다. 그러니까 꽃과 같은 것은 사람이 생명을 유지하고 살아가는 데는 무관한 것이 아니냐는 뜻인가 보다. 제일 중요한 시내 교통수단은 자전거로, 출·퇴근 시간에는 넓은 길이 자전거 물결로 가득하고 이따금 보이는 두 대를 연결한 모양의 버스는 이들 자전거를 피하느라 어려움을 겪어야만 한다. 하지만 공산권이 대부분 그렇듯이 개인들도 대부분 한 가지 일만을 평생 해 온 터여서 학문에 있어서도 부분적으로는 깊이 있는 발전을 하여 저력 있는 사람들로 보였다. 그렇게 중국의 사회상을 보노라니 중국보다 뒤처져 있다는 북한의 사회상을 미루어 짐작할 수 있을 것 같았다.

김정호 박사님이 내 방으로 오셨고 우리는 작전을 짰다. 남한의 모습을 있는 그대로 보여주되 정치적인 얘기는 가능하면 꺼내지 않기로 하였다. 이윽고 문을 노크하는 소리가 들렸고 그들이 들어왔다.

"어서 오십시오, 반갑습니다. 안완식입니다. 이 분은 원예시험장장 김정호 박사님이십니다."

북한 유전자원 연구 책임자를 만나다

"반갑습네다. A라고 합네다."

"저는 B입네다."

A는 평양작물유전자원연구소 연구담당 부소장이고, B는 연구원이라고 소개하였다. 서먹서먹했지만 만나고 보니 생각했던 것보다는 다소 안도감이 생겼다. '이왕에 벌어진 일이니……'라고 생각하고 북한의 연구원들을 찬찬히 보았다.

내 나이 또래의 A소장은 검고 마른 체구에 시골아저씨 같은 모습이었지만, B는 눈에 빛이 나는 잘 교육받은 사람 같았으며 젊은데 경계심이 더한 듯했다. 첫날이라 몇 가지 공식적인 얘기를 나누었고 나는 비행기에서 읽다가 가져온 신문을 꺼내 무슨 월간잡지인지 기억이 잘 나지 않지만 잡지 한 권을 꺼내어 주면서 읽어보라고 했다.

한국의 실상을 좋은 일 나쁜 일 할 것 없이 있는 그대로 보라는 뜻에서였는데 그들은 잘 보려고 하지도, 또 가져가서 보라는 우리들의 말에 가져가려 하지도 않았다.

다음날부터 공식적인 회의에 들어갔다. 주제는 "비교적 활용도가 낮은 작물 유전자원의 수집·보존·활용 및 교환에 대한 현황 및 장래 계획 협의"였다. 참가국은 동아시아 5개 국인 중국·일본·한국·북한·몽골이었고, 대만은 제외였다.

각국의 유전자원 연구 현황과 앞으로의 계획이 발표되었고 회의에서 나오는 전문용어는 거의 영어였다. 회의중에는 나라별로 자리가 배정되어 있었지만 시간이 나는 대로 그들과 얘기를 하려고 노력하였다. 그들은 생각보다 우호적이었고 나름대로 대화는 자유로웠으나 역시 체면을 중시하는 것은 남북이 다를 바 없어 보였다. 그때만 해도 잘 못산다는 것을 겉으로 표현하려 하지 않는 자존심을 보였으며 누구나 고르게 산다는 점을 강조하고 식량이 부족하다는 얘기는 피하는 눈치였다. 여러 정황으로 보아 중국보다도 훨씬 살기가 어렵다는 것을 느낄 수 있었다.

자주·자위·자립을 구호로 하고, 소위 김정일의 "우리 식대로 살자"는 것이 주체의식이란 말도 하였고, 주체농법은 "우리나라 특성에 맞는, 해당 지방에 맞는 작물 배치로 생산을 증대하는 농법이지요."라고 설명한다. 영어로 된 북한의 유전자원 현황에 관한 발표자료 속에서 "주체의식", "김일성", "김정일"을 수차례 발견할 수 있었다.

발표 내용 중에 북한은 보유자원 7만 점을 – 당시 중국 35만 점, 일본 18만 점, 한국 11만 점, 몽골은 1만 6,000점 – 캐비닛식 보존고에 보존하고 있다고 하였는데 그들의 환심도 사고 또 실제로 귀중한 자원을 유실하지 않기 위해서 평양유전자원연구소에 종자 장·단기 보존시설을 국제적으로 지원해 줄 길이 없는가에 대해서 안건으로 건의하였다.

이것저것 얘기를 나누려 노력하다 보니 처음에는 그들이 상당히 거리감을 두고 피하였는데 시간이 갈수록 조금씩 풀어져 감을 느낄 수 있었다. 당시 한국, 미국, 북한 등이 핵사찰 문제로 계속 논란이 있었던 때로 기억하는데 우라늄광이 있다느니 "핵사찰은 남북만의 문제가 아니라 열강이 녹아날 수도 있다.", "핵사찰은 한·미 관계 개선 후 이루어진다."는 등의 정치적인 얘기도 조금씩 내비쳤다.

회의 이틀째 되던 날 밤중에는 B연구원으로부터 방으로 전화가 왔다.

"안박사님 뭐 좀 물어보자구요."

"네, 뭔데요?"

내가 대답했다.

"'오소독스'라는 말뜻이 뭡니까?"

나는 종자를 잘 말려서 습기가 낮은 영하의 저온 속에 저장하면 오랫동안 저장이 가능한 종자를 영어로 그렇게 말하는 용어라고 설명하고, 그에 반해서 '리칼시트란트'라는 말은 너무 말리든가 또 너무 저온에 두면 얼어서 죽는 등 오래 저장하기 까다로운 종자로서 도토리 등과 같은 나무 종자나 열대지방에 주로 많은 식물들의 종자가 이에 속한다고 가르쳐 주었다. B는 무척 고마워하였다. 유전자원에 대한 연구 수준이 낮다는 것을 감지할 수 있었다. 그 일이 있은 후 그들과 우리는 조금 더 친근해 질 수 있었다.

북한 연구원에게 선물로 받았던 손거울

나는 우리 아이들과 조카들을 줄 양으로 칠보로 만든 구리 반지 열 개 한 조짜리 두 묶음을 샀다. 지금 기억으로는 10달러 미만으로 생각되는 저렴한 것이었다. 쇼핑이 끝나고 만리장성을 가기로 되어 있었다. 나는 이제 마지막이 될 것으로 생각하고 무엇인가 더 알고 싶고 또 북한과의 종자 교환의 가능성도 찾고자 했으며 보다 많은 인연을 맺고 싶어서 버스 기사 뒷자리에 앉은 A의 옆자리에 일부러 자리를 잡았다. A는 나와 나이도 같고 맡은 직책도 거의 같기에 꽤 친근감이 가는 친구였다. 마침 A를 그림자처럼 쫓아다니던 B연구원은 제일 뒷좌석에 앉았다.

나는 가정 사정을 물었다. 부인과 십칠팔 세 되는 딸들이 있다고 하였다. 무슨 선물을 샀느냐고 물었더니 아무것도 사지를 않았단다. 출장 와서 남은 돈을 모아서 TV를 사고 싶단다. 나는 한국에서 준비해 간 여성용 스타킹을 몇 켤레 건네주면서 집사람과 딸들에게 가져다 주라고 하였다. 누가 보면 어쩌냐면서 뒤를 돌아다보고는 안주머니에 받아 넣었다. 그 다음에는 아까 시내에서 샀던 칠보반지 한 세트를 꺼내서 딸들에게 주라면서 건네주었다. 한사코 안 받으려 했지만 그래도 여기까지 어려운 출장 와서 선물이 없으면 되겠느냐면서 한국에서는 큰돈은 아니니 받으라고 하니 정말 너무 고마워하면서 받아 넣었다.

이번 처음 만났고 언제 또 만날지도 모르지만 다시 만날 때 서로 유전자원이나 교환하자고 제의하였는데 흔쾌히 받아들이긴 하였지만 크게 기대는 하지 않았다.

김정호 박사님은 다음 일주일을 오성 과수연구소와 정주 과수연구소를 들러 오시고 나는 다음 날 아침 6시에 북경 공항에서 한국으로 돌아오게 되어 있었다. 그날 A와 B, 그리고 타국 친구들과 모두 작별을 하였다. 다음 날 새벽 중국 북경에 있는 주최측인 국제식물유전자원위원회 동북아시아사무소의 주명덕 박사가 보내주는 차를 타고 떠나려는데 기대하지 않았던 북한의 A부소장과 B연구원이 나와서 작별 인사를 하는 것이었다. A는 악수를 하면서 그 손으로 내 손에 무엇인가를 쥐어주었다.

56

북한 연구원이 헤어질 때 선물로 준 거울의 앞면(왼쪽)과 뒷면(오른쪽)

"내가 지금 가진 게 이것밖에 없으니 이것을 보면서 내 생각을 해 주시오."

슬며시 주머니에 넣었다가 차에 타서 꺼내보니 두꺼운 알루미늄박으로 뒷면을 싸놓은 아랍의 글자가 적힌 때 묻은 작은 손거울이었다.

그런 일이 있은 후 3년 뒤였던가? 동아시아사무국장인 주명덕 씨의 말에 의하면 그는 암으로 세상을 떠났다고 하였다. 지금도 우리 집의 서랍 속에 깊이 들어 있는 – 버리지는 않았으니까 – 그 거울이 몇 년 전까지만 하여도 집안을 정리하다가 보이면 그때 그 생각이 떠오르고 분단의 아픔을 다시 생각하곤 하였다. 인생무상이라던가.

하루 빨리 통일이 되어 우리 민족의 한을 풀 수 있기를, 그리고 토종 유전자원을 찾아 북한 농촌 구석구석을 자유롭게 방문할 수 있게 되기를 빌어본다.

히말라야가 고향인 우리 종자

—

    네팔로 종자를 수집하러 떠난다는 것이 참으로 신선한 충격을 불러오는 당시 상황이었다. 1990년 IMF 충격에서 벗어나던 그때, 아직 외국으로 종자 수집을 떠난다는 자체가 쉽지도 않았지만 경험도 없는 생소한 일이었기 때문이다. 다행히도 수집에 동행할 사람인 식물수집가로 활동하였던 민간인 김인기 선생이 큰 도움이 되었다. 지금은 고인이 되신 김인기 선생은 식물수집가로 활동하기 전부터 네팔에 머물면서 우리나라 건설회사의 경리 업무를 수년간 담당했던 터라 네팔의 언어나 사회상 등에 밝은 편이어서 네팔 여행이 처음이었던 내게는 큰 다행이고 힘이 되었다.

    1996년 12월 3일부터 19일까지 17일 간의 여정이었다. 네팔 현지 수집시에 필요한 지도, 관련 문헌과 책자, 수집 봉투, 비닐 봉투, 작은 확대경, 상비약 등 사전 정보와 도구 및 몇 가지 상비약, 옷가지들을 챙겼다. 더욱 중요한 것은 네팔 현지에서 도움을 받을 사람들을 찾아야 했다. 네팔 정부의 관련 기관인 토양임업부 식물자원국, 대사관 사람들, 한국국제협력단(KOICA)원들, 현지의 교포들로부터도 협조를 받아야 한다.

네팔은 남으로는 인도와 국경을 접하고, 북으로는 티벳과 그리고 동으로는 부탄과 접해 있다. 지구의 지붕이라 일컫는 히말라야산맥의 중간에 위치하여 우리나라의 경우 예로부터 새로운 일부 작물이 서쪽으로부터 들어오는 길목에 위치한다. 밀이나 보리 등 맥류 작물과 인도, 네팔이 원산인 오이가 네팔을 통하여 혹은 직접 네팔에서 중국을 통하여 한반도로 들어왔을 수도 있을 것이다.

구소련의 바빌로프(N. I. Vavilov, 1887~1942) 박사는 재배 식물의 기원중심지에 관한 중요한 논문(1926)에서 지구의 8개 지역을 작물의 기원지로 주장하였다. 8개 중심 발상지는 ① 중국 중심지, ② 인도 중심지, ③ 중앙아시아 중심지, ④ 근동 중심지, ⑤ 지중해 중심지, ⑥ 이집트를 중심으로 하는 에티오피아 중심지, ⑦ 남부 멕시코 및 중미 중심지, ⑧ 페루와 볼리비아를 중심으로 하는 남미 중심지다.

작물의 발상지로부터 한반도에까지 작물들이 전파된 경로는 다양할 수 있지만 지정학적으로 볼 때 보리, 밀, 귀리, 벼 등은 서쪽의 중국을 통하고 담배, 고구마, 고추 등은 남쪽의 일본을 경유하여 들어왔다고 본다. 우리나라가 본래부터 고향인 작물은 콩뿐이다. 조의 원산지는 동부 아시아로서 우리 나라에도 근연 야생종인 여러 가지 강아지풀을 찾아볼 수 있 다. 지금 우리나라에서 재배되고 있는 대부분의 작물들은 그 고향이 한반도가 아닌 다른 나라로부터 오랜 옛날에 들어와 서 한반도의 기후와 풍토에 적응되어 살아남았다.

1996년 12월 13일, 김포국제공항을 출발하여 네팔의 수도 인 카트만두에 도착하여 다음 날 즉시 한국대사관에 신고하 고, 한국국제협력단(KOICA)과도 협의하여 수집에 대한 협 력을 요청하였다. 다음 날은 네팔 농업연구센터와 네팔의 개 인 연구단체인 녹색에너지미션과도 협의하고 네팔의 중남부 지역 내에서 자원 수집을 시작하였다. 우리나라에서도 마찬 가지지만 토종종자를 어렵지 않게 볼 수 있는 곳은 토속 시 장이다. 시간을 내서 토속 시장을 찾아 씨앗을 파는 상점에 서 네팔 종자를 확인하여 구입하거나 농가를 방문하여 전부 터 심어왔다는 종자를 수집하였다.

네팔 사람들은 대체로 체구가 작고, 마른 편이며 피부색은 한국인과 인도인의 중간 정도쯤으로 눈은 대부분 쌍꺼풀이 짙은 눈을 가졌다. 그도 그럴 것이 네팔은 크게 아리안계가 60%, 몽골로이드가 30~40% 비율이기 때문이다. 여인들은 연지를 찍고 코걸이를 한 사람들이 많다. 금으로 만든 팔찌, 반지, 목걸이 등 금으로 만든 장신구의 선호도가 높은데, 금 이 부의 상징인 듯하다. 몇십 년 전 한국 여성들과 다름없는 듯이 보였다.

❶ 우리나라 동부와 흡사한 네팔에서 흔히 심는 동부의 여러 가지
❷ 네팔의 밀
❸ 우리나라의 것과 비슷한 네팔의 옥수수
❹ 네팔 포카라 지방에 위치한 한 농가의 가족

다년생 나무에서 열리는 나뭇가지

　네팔의 중심 지역인 해발 1,280m의 수도 카트만두의 서북쪽 100여km 떨어진 포카라는 길이 험하여 가깝지만 비행기를 또 타야 한다. 비행기 창으로 보이는 히말라야의 백설이 덮인 에베레스트를 비롯한 높은 산봉우리들이 장관이다. 포카라에서 보는 만년설로 덮여 있는 산봉우리들이 손에 잡힐 듯 가깝게 느껴졌고 그 뒤로 보이는 푸른 하늘은 짙은 쪽빛이다. 히말라야 산을 등지고 있는 네팔은 서남부 일부 지역을 제외하고는 모두 산간지대로서 표고의 큰 차이에 따라서 아열대 지역으로부터 만년빙에 이르는 기후의 변이로 극히 다양한 식물상을 나타낸다. 7,000종이 넘는 유관속 식물이 분포되어 있으며, 그 중 370종이 고유종이고 700여 종은 약용식물이다.

야생 토마토

여성의 인체 모양을 닮은 여체망고

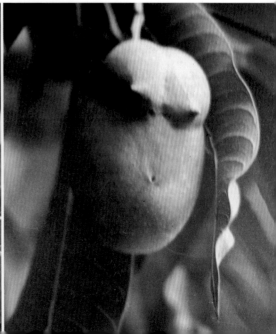

각종 식량작물, 채소와 신기한 특용작물들도 많다. 나무토마토, 야생가지, 나무 열매를 먹으면 아들을 낳는다는 아들 낳는 나무와 딸 낳는 나무, 여성의 인체 모양을 한 여체나무 등 희귀한 식물들이 많다. 농작물은 아직 육종의 손이 닿지 못하여 거의 예로부터 내려오는 토종들이 심겨지고 있다. 토종의 보고인 셈이다. 농가를 방문할 때에는 영어를 할 수 있는 현지인을 고용하여 동행하였다. 농민들의 인심은 세계 어디를 가나 모두 순박하다. 씨앗의 중요성을 얘기하고 분양을 요청하면 쉽게 나누어 주었다.

중산간 이하의 평지(300~1,500m)에서는 벼·밀·옥수수·파파야·바나나·감자, 중산간지대(1,500~2,000m)에서는 벼·옥수수·보리·밀·손가락조·메밀·바나나·감자·꽃양배추가 재배된다. 고산간지대(2,500~4,000m)에서는 옥수수·감자·타타리메밀·호두·배·자두·사과가 재배되며, 히말라야 산(4,000~8848m)에서는 감자·호두·사과를 재배한다.

네팔의 식물 유전자원이 풍부하였기 때문에 1937년부터 1995년까지 58년 동안 일본, 영국, 독일이 네팔과 13회의 공동수집으로 대부분의 주요 자원을 확보하였다. 현재 네팔 연구기관에서 보유중인 작물 토종종자는 벼, 밀, 옥수수, 보리, 메밀, 손가락조, 수수, 조, 각종 두류작물, 유료작물, 채소작물, 공예작물 등 9,124점이다. 우리나라의 경우는 1986년 농촌진흥청의 전병태, 최관순 등 연구관을 파견하여 1개월 동안 네팔의 동부, 중부, 서부, 중서부 등 지역에서 68작물

1,738품종을 수집한 바 있다.

이번 17일 동안의 수집 출장에서 네팔 전역의 식량작물, 채소작물, 특용작물 등 589점의 네팔 토종작물 종자를 수집하였다. 주요 식량작물로는 벼·보리·쌀보리·밀·조·옥수수·메밀, 두류작물로는 동부·팥·녹두·강낭콩, 채소작물로는 오이·호박·박·수세미오이·여주·가지·시금치·순무·양배추·근대·당근·갓·마늘·토마토·동아·오크라·배추, 그리고 특용작물로는 고수·땅콩·참깨·유채 외에도 여러 가지 작물 등이 있다. 다른 선진국에 비하여 다소 늦은 감은 있지만 그래도 우리에게 유용한 유전자원을 많이 수집, 확보할 수 있는 좋은 기회였다.

네팔의 중산간지대(1,500~2,000m)인 히말라야산맥의 중간에서 재배되는 토종작물을 비롯하여 많은 네팔의 토종작물들은 우리나라에도 적응이 가능하다. 우리나라에서 재배되던 토종인 밀이나 보리 등 맥류 작물과 토종오이의 고향이 히말라야의 네팔이기 때문이 아닐까?

만주로 갔다 돌아온 우리 고추,
'귀향초'

—

    고추는 언제부터인가 우리 한민족의 식생활과 삶에 가장 가까운 채소 중 하나로 자리잡고 있다. 고춧가루가 들어가지 않는 반찬이 거의 없을 정도이고 '고추 당초 맵다 해도 시집살이가 더 맵더라.'든가 '작은 고추가 더 맵다.'와 같은 고추를 대상으로 한 속담들이 있을 정도로 우리 생활과 관계가 깊다.

    고추의 본래 고향은 안데스산맥 동부의 아마존 강 상류 지역 즉, 페루와 볼리비아의 접경지인 중앙아메리카부터 남아메리카이다. 우리나라에서는 한해살이식물로 키는 60~90cm 정도 자라지만 원산지에서는 대부분은 1~3m 정도로 관목상으로 자라는 여러해살이식물이다.

    우리나라에 고추가 전래된 것은 임진왜란을 전후하여 중국과 일본의 교류가 잦아진 때에 호박, 담배와 함께 들어온 것으로 보인다.

우리나라에는 1614년 이수광이 저술한 백과사전인 《지봉유설(芝峰類設)》에 고추를 가리키는 '남만초(南蠻椒)'의 기록이 있으며 '남쪽의 야만인들이 먹는 후추'라는 뜻으로 풀이되어 있다. 또 그 도입경로가 왜국(倭國)이라 하여 '왜개자(倭芥子)'라고도 하였다. 그 외에 고추를 '고초(苦椒)'라고도 하였는데 후추(胡椒)와 비슷한 쓴 맛의 것이라 하여 우리나라에서 지은 이름이고 또 외국을 의미하는 당(唐)자를 붙여서 '당초(唐椒)'라고도 하였다. 장지현(1977)은 《지봉유설》에 나타난 고추 재배 상황 및 고추 식용 상식으로부터 고추의 도입 시기를 임진왜란(1592~1598) 이전으로 추정하였다. 또한 홍만선의 《산림경제(1715)》에 고추의 재배 적지, 재배법, 품종의 특징 등이 기술되어 있는 것을 보면 이 시기에 중국에서 종자가 도입되고 재배가 일반화되었다고 볼 수도 있다.

우리나라 채소 총 재배 면적의 34%를 차지하는 고추는 연간 17만 톤이나 생산되며 조미료 및 식용, 김장용, 고추장용 등으로 이용된다. 우리 조상들은 1700년대부터 김치를 담글 때 고추를 사용했는데, 김치에 고추를 넣으면 캡사이신 성분과 비타민 E가 젓갈의 산패를 막아 김치의 선도를 유지시킨다. 고추는 매운맛 때문에 향신료로 쓰이는 한편 과피 또는 씨로부터 붉은 색소, 매운 맛 성분, 기름 등을 추출하여 식품의 착색제, 핫소스, 방부제 등의 원료로 널리 이용하고 있다. 약리 성분을 이용한 건위제, 진통제로도 쓰이고 또 피부를 자극해 혈액의 순환을 촉진시키는 작용이 있으므로 외용약으로도 이용한다.

풋고추 속에는 칼슘, 인, 철, 나트륨, 칼륨 등 미량요소와 비타민 A, 베타카로틴, 비타민 B_1, 비타민 B_2, 니아신과 특히 비타민 C가 고추 가식부 100g당 72mg 들어 있다. 고추가 지닌 비타민 C의 함량은 사과의 약 18배, 온주 밀감의 약 9배 정도나 된다. 고추의 매운 맛은 캡사이신(capsycine)이라는 성분 때문인데, 이 성분은 기름의 산패를 막고 젖산균의 발육을 돕는데 과피보다 씨가 붙어 있는 흰 부분인 태좌에 많이 함유되어 있다. 우리나라의 근대 제약산업 이후 내려오는 활명수를 비롯한 거의 모든 소화제 속에는 고추의 매운 맛으로부터 추출해 낸 캡사이신이 들어 있다. 고추의 매운 맛이 위벽을 자극하여 소화액 분비를 촉진하고 위장의 운동을 돕고 식욕을 증진시키며, 혈액의 순환을 촉진하며 신경통 치료에 효과적이다. 또 캡사이신이 감기나 기관지염, 가래 제거에 효과가 있다고 미국 학계에서 보고서가 발표되기도 했다. 그러나 많이 먹으면 위장을 자극하여 위장 점막 손상, 설사, 간장 기능을 해치기도 한다.

우리나라 토종고추는 단 맛과 매운 맛이 적당하다. 풋고추 또는 건고추 상태로 이용하고 있다. 토종고추는 품종의 분화가 비교적 많고 특히 자가 채종이 용이하며 상당 수준의 타가수분이 가능하므로 농민의 지속적인 선발의 효과가 컸기 때문에 지방에 따라 그 지방에 적응성이 큰 품종으로 유지되어 올 수 있었으리라고 생각된다.

지금까지 재배되어오는 유명한 토종고추는 음성의 '중공초'와 작은 키에 큰 고추가 많이 달리는 '앉은뱅이고추'가 있다. 또 영양의 '수비초'·'칠성초', 그 외에 지방 이름을 딴 '임실재래', '신평재래', '밀양재래', '청도재래', '고성재래', '울산재래', '대화초' 등과 맵기로 유명한 '청양고추'를 꼽는다.

대화초(왼쪽), 임실재래(중), 음성재래   대화초(왼쪽), 임실재래(중), 음성재래

그 외에도 고추의 모양이나 달리는 형태를 고려하여 불러온 성남의 쇠뿔고추, 영덕의 하늘초가 있고 영천의 칼초·돼지고추·유월초·석보초가 있다. 중원청용이나 제천얼치기 등 1970년대만 해도 각 지방에 많았던 고추 지방종들은 종묘회사가 개발한 신품종의 대체로 이제는 더 찾을 수 없게 되었다. 그 외에 영양 지방에서는 1965년 경에만 해도 우명초, 칼초 등이 600ha 정도나 심겼으며 별초(무학초), 팽이초와 대화초가 심기기도 하였다. 청도군 풍각면 일대에서는 재래종 중에서 유일하게 역병에 강한 풍각초가 수집되었으며, 아직도 일부 농가에서 재배하고 있다. 서동재래는 원예시험장에

서 1954년에 현재의 부산시 동래구 온천동에서 수집한 토종으로 우수한 계통 이육사공(2640)을 선발하여 1968년에 새 고추로 명명하였다. 우리나라에서 유일한, 주로 조려서 먹는 꽈리고추로 신도꽈리고추가 있다.

음성의 '중공초'는 1960년대에 음성에 살았던 한 농부인 성주완 씨의 손으로 고정 육성된 토종 고추이다. 1969년 고추의 흉작에서 온 고추 파동으로 중공에서 들여온 고추처럼 고추가 커서 고추 상인들에 의하여 붙여진 이름이라고 한다. 당시의 다른 고추 품종에 비하여 숙기도 빠르고 고추가 크며 수량이 많았는데 과피가 두꺼워서 건조기를 쓰던 지역에서만 재배가 되었었다. 중공초는 그 후 흥농종묘의 신품종 새로나, 홍일품, 금탑고추 등의 육종에 기여하였다.

영양군 일월면 칠성리에는 오래 전부터 '칠성초'라는 고추가 유명하다. 생긴 모양이 배가 통통하고 굵고 커서 '배불덕이' 또는 '붕어초'라고도 불리는 이 고추는 1969년 중공 도입고추 중에서 우수 형질 자가선발 채종 후 보급하기 시작하였는데 칠성리에서만 잘 되기 때문에 칠성초라고 부른다. 칠성초의 인기가 좋아서 타지의 농사꾼들이 씨앗을 받아가지만 이곳에서처럼 잘 되지 않아 성공하지 못한다 하니, 칠성초는 칠성리에만 잘 적응된 토종고추이다.

칠성리에서 10여km쯤 떨어진 영양군 수비면 오기리는 옛부터 유명한 고추인 영양 '수비초'의 주산지이다. 수비초는 칠성초보다 날씬하고 길며 맵고 단맛이 난다. 오기리에 사는 황경환 씨의 증조부가 아는 친구에게 빌려주었던 돈 대신 가져온 3개의 고추를 심은 것이 이곳의 풍토에 잘 맞아서 매년 심게 되었는데, 고추가 좋다는 소문이 나서 고추 씨앗을 사러 몰려든 바람에 빌려준 돈보다도 훨씬 많은 돈을 벌게 되었고 지역의 이름을 따서 수비초라고 부르게 되었다고 한다.

전남 곡성군 겸면 칠봉리에서 2011년에 수집하여 '칠봉초'라고 이름 지은 토종고추는 크기가 5~6cm 정도로 작은 쇠뿔 모양이지만 맛이 좋아서 평생 심고 있단다. 시모로부터 대물림하여 심은 칠봉초는 사위가 휴가 때 오면 고추밭부터 갈 정도라고 자랑한다.

'귀향초'는 고추의 모양이 짧고 단 맛이 나는 매운 맛이지만 뒤끝이 맵다. 양구에 사시던 최종철 씨의 장모님의 아버지가 일제 말기에 만주로 떠나면서 농사를 지으려고 고추씨를 가지고 갔었는데 작고하신 지 오래되었고 최종철 씨가 중국 교포와 결혼하면서 장모님을 모시고 귀국할 때 그 고추씨를 다시 가지고 돌아왔다고 한다. 그래서 고추의 이름을 귀향초라고 부르게 되었다. 질긴 동아줄 같은 우리 민족의 힘을 느낄 수 있는 면면을 보여준 사건이었다.

만주로 갔다 돌아온 우리 고추, '귀향초'

바빌로프식물산업연구소
100주년 기념 심포지엄 참가기

—

　이미 오랜 세월이 지난 지금 바빌로프식물산업연구소(VIR) 100주년 기념 심포지엄 참가기를 쓰자니 무엇을 어디서부터 얘기해야 할지 며칠을 망설였다. 서가의 이곳저곳을 찾다 보니 다행스럽게도 돌아와서 썼던 간단한 보고서와 슬라이드들이 있어서 이를 참고하여 당시를 회상해 보려고 한다.

　심포지엄이 열렸던 1994년은 한국과 러시아가 국교를 정상화한 지 4년밖에 지나지 않은 때여서 바빌로프식물산업연구소와는 조금 서먹한 관계였다.

"빠르게 발전하고 있는 한국에 있어서의
작물 유전자원의 소멸경향"논문 발표

국제식물유전자원위원회(IBPGR, 국제식물유전자원연구소(IPGRI)의 전신)의 후원으로 "세계 식물 유전자원 –

인류의 유산(Global Plant Genetic Resources – Heritage of Mankind)"라는 주제 하에 바빌로프식물산업연구소 100주년 기념 심포지엄이 계획, 추진되었다. 한국의 경우 1985년부터 식물 유전자원 연구를 시작하는 단계였으므로 세계에서 가장 앞선 곳에서 열리는 심포지엄이자 유전자원에 대한 세계의 석학들이 한 곳에 모이는 곳이어서 큰 기대를 가지고 참석하였다.

한국육종학회장의 추천에 의하여 한국과학재단의 지원으로 "빠르게 발전하고 있는 한국에 있어서의 작물 유전자원의 소멸 경향(Vulnerability of Crop Land–Races in the Rapid Developing Countries. – In case of Republic of Korea.)"이라는 제목의 논문을 발표하기 위한 목적도 있었다. 당시 국제적으로 국제식물유전자원위원회를 중심으로 각국의 토종 작물 수집·보존의 중요성이 대두되고 있었고 유엔식량농업기구(FAO)가 주관하는 국제식물유전자원회의(CPGR)가 계속 열리고 있는 때여서 좋은 이슈가 되었다. 논문의 내용은 1985년부터 1993년까지 8년 동안 한국 농가의 재래종이 74%가 소멸되었다는 것이었다.

1994년 8월 5일 금요일, 김포국제공항을 출발하여 모스크바의 세레보티보공항에 내려서 하룻밤을 지내고 목적지인 상트페테르부르크에는 그 다음 날인 8월 6일 오후에 도착하였다. 당시 러시아는 공산권에서 벗어나서 고르바초프 대통령에 의하여 페레스트로이카 혁명(1985년 4월에 선언된 소련의 사회주의 개혁 이데올로기)이 선포되어 국가의 개혁을 부르짖은 직후였기에 사회적으로 많은 변화가 있었다. 특히 사회주의 체제에서 자본주의 체제로 변해가는 모습이 눈에 띄었다. 도심을 중심으로 거리의 곳곳에는 마치 서울 시내 도로변에 있는 버스표를 파는 부스보다 조금 큰 모양의 작은 상점들이 보였는데 상점의 작은 창 앞에 물건을 사려고 한 줄로 늘어선 모습이 식량 배급을 받으려고 서 있는 줄처럼 보였다. 가장 인기가 있는 물건은 청바지였는데 그 당시 외국인이 가져가는 가장 좋은 선물 중 하나였다.

러시아의 제2의 도시인 상트페테르부르크는 2007년 인구 500만 명으로 100개 이상의 섬과 365개의 다리로 연결된 물의 도시로 "북쪽의 베니스"라고 불린다. 또한 여름에는 백야가 계속되어 북극의 오아시스로 세계인의 사랑을 받는 도시이다. 러시아의 민족 시인 푸시킨은 이곳을 '유럽을 향한 창'이라고 표현한 바 있는데 상트페테르부르크는 서유럽의 건축 양식으로 꾸며져 마치 파리의 한 시가를 걷는 느낌을 주기도 한다.

8월 7일 일요일에는 시내 중심가에서 약간 떨어져 있는 장터를 찾아 나섰다. 러시아인들의 생활 모습도 궁금하였지만 버릇처럼 되어 버린 종자를 수집하고 싶은 마음이 앞서서였다. 광장에 목판을 벌려 놓고 주로 채소류의 농산물들을 거래하고 있었다. 감자, 마늘, 토마토, 수박, 멜론, 피망고추, 호박, 호밀, 배추, 오이 등이 많이 보였다. 한국에서와는 달리

광장 한쪽 편에 큰 부분을 차지한 것은 러시아의 풍요로웠던 지난날의 정서를 말해주는 듯한 꽃시장이다. 꽃을 포함하여 이곳에서 거래되고 있는 모든 농산물은 농민 자신들이 재배하여 가지고 나온 농산물로서 한국의 지역마다 있는 장날의 모습과 비슷하였다.

시장에서는 종자를 수집코자 피망고추, 토마토, 수박, 멜론, 호박 등 5종 21품종과 감자, 마늘, 장미 등 영양체 자원을 구매하여 씨로 번식하기 위해 호텔 방에서 씨를 받아서 방바닥에 깔아 말렸다. 다음 날 연구소의 푸시킨시험장에서는 호밀·배추 11품종, 수박·오이·참외 등 8종 24품종을 분양받는 등 출장중 총 13종 45점을 수집하였다.

<바빌로프식물산업연구소(VIR, 1924년 설립)>

8월 8일 월요일부터 심포지엄 행사가 시작되었다. 오전에 등록을 하고 오후 자유 시간에는 바빌로프식물산업연구소를 방문하였다. 상트페테르부르크 시내 복판에 이 시에서 가장 크고 오래되어 보이는 교회 앞 큰 광장을 가운데하고 마주보고 있는 오래된 3층 건물들이 바빌로프식물산업연구소(VIR)이다. 이 건물은 식물 유전자원 보존·활용·연구를 위하여 특별히 설계하여 지은 건물이 아니라 옛날 궁전 내부 일부를 개조하여 활용하고 있다고 한다. 그러므로 식물 유전자원연구소이긴 하지만 종자 장기 보존시설은 없다. 다민 작목별 연구실 내에 종자를 단기 보존할 수 있는 종자 보존용 장

상트페테르부르크의 수박   상트페테르부르크의 늙은 오이

이 벽 한편에 마련되어 있다. 종자의 장기 보존을 위한 시설은 1976년 러시아 남부 카스피해 동북쪽 크라스노다르의 쿠반에 30만 점 규모로 지하 11m에 −4℃ 조건의 지상 1층 건물이 특수하게 건설되어 운영중에 있다.

당시 바빌로프식물산업연구소의 직제는 소장 아래 차장이 있고 자원의 평가와 증식이 이루어지는 푸시킨시험장장, 인사위원회와 국제협력실이 있고 그 밑에 식물자원탐색 도입실, 9개 작물별 연구부서 13개, 이론 연구부서 5개, 총괄부서와 12개 지역시험장으로 이루어져 있다. 바빌로프 박사가 이곳에서 일하면서부터 가장 중요하게 여긴 것이 식물자원 탐색·도입이었던 것처럼 연구소 내에서 큰 부분을 차지하고 있는 것은 수집 식물의 분류·평가를 위한 식물표본실이었다. 종자 활력 검정이나 기타 관련 연구는 작물연구실에서 각각 수행하고 있었다.

건물 현관 계단 옆 코너에는 바빌로프 박사의 흉상과 그 아래에 키 작은 밀과 키 큰 밀 이삭의 마른 표본들을 전시하였고 2층 한 편의 방에는 당시 바빌로프 박사가 사용하던 사무용 집기와 천평, 나침반, 현미경

호텔 방에서 건조되고 있는 씨앗들

75

등 실험도구들과 서류들이 잘 정리되어 있고 세계 자원수집 경로와 업적 등 박사에 대한 모든 것이 전시되어 보존되고 있었다. 바빌로프 박사의 손때가 묻어 있는 집기와 실험 기기들을 보면서 그가 세계 인류의 식량을 걱정하다가 그 자신은 감옥에서 거의 굶어 죽어갈 수밖에 없었던 시대의 아이러니함이 느껴져서 가슴이 뭉클해졌다.

8월 9일 화요일부터 11일 목요일까지 3일 간은 심포지엄의 발표와 포스터 세션이 있었다. 심포지엄은 마리아 궁전의 중앙회의실에서 수행되었다. 심포지엄에는 미국, 영국, 중국, 일본을 비롯한 33개 국으로부터 610명의 학계 인사들이 참석하였다. 첫날에는 오전 내내 바빌로프식물산업연구소 100주년 기념행사가 있었으며 오후에 4과제의 발표가 있었다. 기념행사는 러시아 농업아카데미의 회장인 그레고리(Grigory A. Romanenko) 박사의 개회 인사로 시작되었다. 바빌로프 박사의 아들로부터의 감사의 말씀과 식물 유전자원 연구 활용을 위한 러시아의 식물학자 바빌로프 박사의 업적에 대한 찬양이 이어지며 본격적인 행사가 열렸다.

바빌로프 박사의 업적

바빌로프 박사의 업적을 살펴보면 다음과 같다.

첫째, 1921년부터 1940년까지 〈바빌로프식물산업연구소〉를 창립하고 전세계 60개 국을 탐험하여 많은 유전자원을 수집·도입(1924~1933)하여 보존·이용하면서 유전자원 관련

이론을 정립하였다.

둘째, 러시아 농업연구의 중심인 전소련농업아카데미를 창립(1924)했다.

셋째, 지금도 세계의 많은 작물을 연구하는 학자들의 유전자원 연구의 지침이 되는 재배식물의 기원지를 제안·발표(1928)하였다.

그는 식물의 지리적 미분법(Differential phytogeographical method)을 적용하여 1928년에는 5대 중심지를 주장하였는데 그 후 이를 보완하여 1951년에는 8대 중심지가 되었다.

기념식이 성대히 치러지면서 바빌로프 박사의 업적이 발표된 다음에는 축하 메시지가 당시 러시아 전국 각지의 12개 연구기관으로부터 기념품과 함께 전달되었는데 이는 사회주의체제 국가에서만 볼 수 있는 거창함이었다.

계속하여 세계의 식물 유전자원과 농업에의 활용에 대하여 주첸코(Zhuchenko) 박사가, 그리고 바빌로프식물산업연구소 100년사와 앞으로의 전망에 대하여 연구소장인 드라거브체브(Prof. V.A. Dragavtsev)의 발표가 있었다. 제2차 세계대전시(1942~1944), 900일 간 독일군의 포위 속에서 굶어 죽어가면서도 지킨 피나는 노력으로 지금의 VIR이 세계 최강의 유전자원 보유기관이 되었다는 것을 기념하기 위한 기념판이 VIR에 제막되었는데 이는 6·25 한국전쟁의 급보를 듣고도 시험포에서 품종 보존포에 나가서 이삭을 땄고, 동란 중에도 벼 1,000품종과 주요 계통을 경북시험장에 소개하여 수복 후 다시 보존하는 등 유전자원의 중요성을 잃지 않았던 우리 연구원들의 뜻과도 통하는 바가 있었다고 생각된다.

다음 날에는 유전자원과 농업연구의 세계 체계화에 관련하여 자원의 이용·정보 교환을 위한 데이터 관리 시스템, 유전자원 안전 보존을 위한 과제 등이 발표되었다. 식물 유전자원의 교환 이용에 대하여는 각 국제기관과 유엔식량농업기구(FAO) 등으로부터 식물 유전자원은 모든 연구와 품종 육종의 근본으로서 인류 공유의 유전자원으로 상호 자유로운 교환 이용을 제창하였다. 식물 유전자원 정보의 공유를 위하여 스코브만드(Skovmand) 박사의 국제맥류옥수수연구소(CIMMYT) 유전자원 정보체계 개발의 예를 들었다.

유전자원의 안전 보존을 위한 과제

유전자원의 안전 보존을 위한 과제로 제창된 것은 첫째 생태계 내의 보존(in-situ conservation), 둘째 국제연구기관에서의 보존, 셋째로 현재 세계의 여러 나라에 있는 유전자원 장기보존센터(World collection)의 지정 활용이 제정되었으며 빠르게 발전하고 있는 선진 개발도상국가 내에서의 작물 재래종의 소멸 전 수집 확보에 대한 제의가 있었다.

행사 마지막 날인 8월 12일 금요일에는 바빌로프식물산업연구소의 푸시킨시험장을 방문하였다. 수십 헥타르의 넓은 시험포장에는 여러 가지 작물들이 증식·평가되고 있었다. 호밀의 품종 간 타화수분을 방지하기 위해서 씌워 놓은 세모뿔 모양의 망실이 인상적이었다. 무, 고추, 토마토, 여러 종류의 아마란더스를 비롯한 허브 식물들, 아마와 감자 등의 작물들이 심겨져 있었다. 고추는 맵지 않은 피망과 파프리카 종류들이 많았다. 이들은 토마토, 오이와 함께 러시아의 과채로서 가장 중요한 채소 중의 하나이다. 멜론과 수박은 후식용으로 많이 이용된다. 온실에는 오이 유전자원의 평가가 이루어지고 있었다. 당시에 진딧물을 퇴치하기 위한 생물 농약을 개발하여 사용하고 있는 것이 놀라웠다.

과장인 브레닌 박사를 제외하고는 30여 명의 연구원이 모두 여자였던 채소과의 특별초청으로 채소과 실험실 겸 사무실에서 베풀어 준 저녁 만찬을 즐기는 행운을 얻었는데 그날의 주요 채소는 오이 썬 것과 빨강, 노랑, 하양, 녹색 등의 파프리카를 세로로 길게 쪼개 놓은 것이 생각난다. 후식으로 먹었던 호박처럼 생긴 멜론은 F1 품종이라고 하였는데 무척 당도가 높았던 것으로 기억된다.

포장 한쪽에는 VIR의 감자 책임자인 부딘(Prof. K.Z. Budin) 교수가 자기가 심어 놓은 감자 유전자원에 대하여 자랑스럽게 설명하였다. 그 중에 Solanum acaule라는 러시아의 봄철 추운 기온에 잘 적응되는 품종 개발을 위하여 중간모본을 만들고 연구중이라고 하였다. 귀가 번쩍 뜨여서 설명을 듣고 난 다음에 수없이 찬사를 하고는 내 소개를 하였다. 그리고는 염치도 제쳐놓고 설명을 들었던 그 감자 중간 모본의 분양을 요청하였다. 처음에는 지금은 괴경이 달리지 않아서 안 된다고 다음에 보내준다고 하면서 거절하였지만 그때를 지나면 받기가 절대로 어려울 것만 같아서 다시 졸랐다. 우리도 기술이 좋아서 극히 작은 괴경이라도 좋다고 하자 감자 포기의 아랫도리를 헤집더니 큰 콩알보다 조금 더 큰 감자 두 개를 떼어주었다. -7℃에서도 견딜 수 있다는 내냉성이 강한 이 유전자원이 우리나라에도 분명히 대단히 중요한 자원이 될 것으로 생각하니 고마움과 기쁨이 더욱 컸다. 귀국하여 감자연구소인 고랭지 시험장으로 보냈는데 그곳에 지금도 그 자원이 잘 보존되면서 내냉성이 강한 감자품종 육종에 활용되고 있을지 모르겠다.

　마리아 궁전의 넓은 홀에서 있었던 만찬에 참석했던 Prof. Jack Hawkes, Dr.B. Skovmand, Prof. J. Hardon, Dr. S. Blixt, Dr. K. Hammer와 바빌로프식물산업연구소의 연구원 외에도 많은 세계의 유전자원 관련 학자들과 친분을 쌓을 수 있었고, 그런 기회가 귀국 후 우리나라의 유전자원과 세계의 유전자원 연구를 아우르는데 큰 힘이 되었다. 만찬과 포스터 세션이 있은 후 상트페테르부르크에 있는 알렉산드리스키 극장(Alexandrisky Theatre)에서 그때까지 들어

-7℃에서도 견딜 수 있다는
내냉성이 강한 감자 유전자원 Solanum acaule

오기만 했던 차이코프스키의 불후의 명작 "백조의 호수"를 유명한 볼쇼이 발레단의 공연으로 감상할 수 있었는데 지금까지도 아름다운 백조들의 모습이 잊히지 않는다.

바빌로프식물산업연구소 100주년 기념 심포지엄에 참석해서 식물 유전자원에 관한 광범위한 지식을 얻었음은 물론 세계의 석학들을 한 곳에서 만날 수 있었고 유전자원에 대한 세계인들의 생각을 인식할 수 있는 좋은 계기가 되었다. 한편 러시아의 장터에서, 연구소에서 50여 점의 유전자원을 수집하였으며 특히 내가 1972년 멕시코에 있는 CIMMYT에서 밀 육종연수생으로 10개월 간을 같이 공부했던 바빌로프 식물산업연구소의 밀 유전자원 책임자인 A. Merejko 박사를 22년만에 만났던 기쁨과 바빌로프식물산업연구소의 소장 Prof. V. A. Dragavtsev, Dr. G. I. Tarakanov, Prof. R. E. Gorbatenko, Prof. V. I. Brenin, Dr. Igor. G. Loskutov 등과의 만남은 후에 한국 농촌진흥청 종자은행과 러시아 바빌로프식물산업연구소 간의 유전자원 연구 협력에 큰 보탬이 되었다.

상트페테르부르크에서
만난 서양계 호박들

제2부

토종 찾아 삼천리

최초의 토종수집 여행지,
충주댐 수몰지역

—

1984년 12월과 1985년 5월 등 두 차례에 걸쳐 충주댐 수몰지역에서 수집한 토종자원과 1992년 안동댐 수몰지역에서 수집한 토종자원은 매우 중요한 의미를 갖는다.

1985년 1월, 농촌진흥청에서 처음으로 시작하는 유전자원 연구를 위하여 맥류 품질과장인 나는 직제도 없는 상황에서 농촌진흥청장 특명으로 유전자원 연구 – 종자저장 관리였지만 – 를 시작하게 되었다. 직제가 없었기에 임명장도 없이 구두로 책임을 받고 나서 가장 먼저 해결할 일이 무엇인가를 생각해 보니 농가에서 사라져가는 토종종자를 수집해야겠다는 생각이 들었다. 1985년 당시 전국 방방곡곡에서 근무했던 7,000여 명의 농촌지도사를 총동원하여 1년 동안 1만 733점의 토종종지를 수집했다. 이 종자들을 포함하여 이때 수집한 토종들이 현재 농촌진흥청 국립농업유전자원센터에서 보존중인 토종자원의 근간을 이루고 있으며, 특히 충주댐 수몰지역이나 안동댐 수몰지역에서 수집한 자원은 일단 수몰되고 나면 영원히 되찾지 못할 토종자원이었기에 그 가치가 크다.

우리나라에서 처음으로 토종종자를 수집한 것은 구소련의 식물학자인 바빌로프 박사가 1924년 서울, 수원 및 기타 등지에서 밀, 보리 등 24점을 수집·조사하여 간 사건이다. 그가 수집해 간 자원 중 밀 13점은 1991년 내가 바빌로프식물산업연구소를 방문하여 되돌려 받았다. 농촌진흥청에서 처음으로 작물의 새 품종을 육종하는 연구원들이 팀을 구성하여 토종수집 여행을 떠난 것은 충주댐 수몰지역에서의 토종수집이었다.

충주다목적댐 건설 사업은 4대강 유역 종합개발 계획의 일환으로 시행한 한강 수계가 보유하고 있는 수자원을 고도로 개발하여 수도권을 비롯한 남한강 하류 지역에 관개, 생활 및 공업용수를 공급하는 동시에 발전 및 홍수 조절을 목적으로 하는 다목적댐 개발 사업이었다. 이 사업은 1978년 6월 3일, 진입로 공사를 착공하여 1985년 12월 31일에 준공되었다. 댐 길이 464m, 높이 97.5m인 이 댐으로 인하여 2001년까지 경인지역 등 한강유역의 용수 난을 해소하게 되었고, 연간 6억 톤의 홍수 조절로 한강의 수위를 1m까지 낮추게 되었다. 또한 거대한 내륙 호수인 충주호가 만들어져 호반 관광지가 되었다.

충주다목적댐 건설에 따른 용지보상 대상 지역은 1시 3군

2읍 13면 114개리에 걸쳐 수몰지가 6,597만 1,572㎡(1,995만 6,401평)으로 기타 보상면적을 포함하여 총 7,698만 8,069㎡(2,328만 8,891평)에 달한다. 수몰지역 주민은 충주시 중원군, 제원군, 단양군 7,105세대 3만 8,663명으로, 충주댐 수몰 주민의 이주대책이 시행되었다. 또한 충주, 중원, 제원, 단양 지역에 산재해 있는 문화재의 지표조사를 완료하였으며, 매장문화재의 발굴은 문화재관리국의 발굴 허가를 받아 시행하였다.

하지만 수몰 위기의 토종작물에 관한 대책은 전무하였다.

수몰지역의 토종작물 대책에 대한 무관심

농촌진흥청에서 수몰 위기의 토종작물 수집 및 보존의 중요성을 인식한 것은 댐의 준공 전 해인 1984년 12월이었다. 1985년 10월, 댐 완공 1년 여 전의 일이다. 지금은 이미 고인이 되신 김문헌 전 농촌진흥청장님의 명을 받고 본청 시험국 종자관리실로 자리를 옮겨온 지 5개월 반이 되던 1985년 5월 15일부터 17일까지 2박3일 간을 충주댐 수몰 예정지역으로 종자 수집 출장을 떠나게 된 것이다.

1969년 9월 작물시험장 전작과에 처음 농업 연구사보로 발령을 받아 근무를 하였을 때 밀·보리 육종을 시작하였다. 그때는 모든 것이 처음이라서 선배이신 연구관님이 시키는 대로 일을 했디. 밀 품종 보존시험포에서 육종을 위한 기초연구로 특성을 조사하는 일을 맡아서 열심히 밀밭에서 땀을

뻘뻘 흘리면서도 힘 드는 줄도 모르고 온종일을 보냈었는데 그 경험을 되살려서 종자를 수집하리라 마음먹었다.

무엇보다 중요한 것이 우선 수집팀을 구성하는 것이었다. 식량작물에 박태식, 채소작물에 오대근, 특용작물에 박희운, 사료작물에 강정훈, 화훼작물에 정순경 등 작물별로 적임자를 선정하고 내가 수집단장으로 수집단을 꾸렸다. 농촌진흥청에서도 토종종자 수집을 위하여 수집단을 조직해서 떠나는 것이 처음 있는 일이고 더욱이 이제 댐이 막히고 물이 차면 다시 못 볼 지역에서 귀중한 자원을 수집한다는 사명감에 모두들 들뜬 기분이었다.

종자 수집을 위한 출발 전에 단원들이 숙지해야 할 사항 중에서도 가장 중요한 것은 자원 탐색 수집을 위한 방법을 숙지하는 것이다. 작물 유전자원 탐색 수집 안내서를 급히 만들어서 수집대원들에게 숙지시켜야 했다. 가장 기본적인 것은 첫째, 수집하고자 하는 작물에 대한 지식을 갖고 있을 것. 그러나 이것은 수집단원들이 모두 해당 분야의 전문가이니 문제가 없다. 둘째, 수집 지역에 대하여 잘 알고 있을 것. 이 문제에 대해서는 1/50,000 지도를 활용하고 지역을 잘 아는 농촌지도사 등의 조언을 받는다. 셋째, 가능한 많은 다양성을 갖도록 하는 수집 방법을 사용할 것. 이는 별도의 교육이 필요했다. 넷째, 수집 당시에 충분한 조사기록을 실시할 것 등이다.

탐색 대원은 1개 조에 2~3명이 이상적이다. 그러나 이번의 탐색은 다음 기회가 없으므로 전문가로 구성된 6인조로 편성하였다. 탐색 수집 시기는 각 작물에 따라 상이하고 또 댐이 완공되면서 수면이 높아져서 수몰지역이 넓어지면 안 되므로 5월이 적당하다. 탐색 수집에 필요한 준비물도 수집 코자 하는 작물의 종류나 기후, 지역 조건에 따라 다양하다. 공통적인 수집용 준비물로 튼튼한 광목자루, 몇 가지 크기의 비닐팩, 종자 봉투, 눈이 가는 체, 큰 칼, 수첩, 노트, 고무줄, 클립, 끈, 라벨, 주머니칼, 전정가위, 배낭, 살충제와 살균제 등이다. 과학용구로는 고도계, 카메라 및 관련 기자재 등이며, 기타 준비물로 외과용 메스, 쌍안경, 건조제, 알코올 등이다. 옷은 가볍고 빨아 입기 쉬운 간편한 것, 두께가 다른 셔츠 몇 장, 방수용 모자가 달린 옷, 차광용 모자와 안경, 방수용 바지, 튼튼한 등산용 신발, 특히 옷에는 여러 개의 주머니가 달린 것이 좋다. 그 외에는 수집 활동중의 작은 사고 등에 대비하기 위한 간이 의료용구도 필요하다. 벌레 기피용 크림, 몇 가지 항생제, 소화제와 제산제, 항생제 크림, 밴드 및 붕대, 아스피린 및 진통제 등이다.

떠나기 며칠 전에 이미 탐색 수집을 위한 사전 교육을 마치고 출발 직전까지 준비물 챙기기에 바빴다. 가장 중요한 준비물 중의 하나가 이동 수단인 차량이다. 다행히 본청에서 기사가 딸린 봉고차 한 대를 차출하고 차량 앞에 '농촌진흥청 농업유전자원수집단'이라는 플래카드를 붙이고 가슴 벅찬 기분으로 떠날 채비를 마쳤다.

1985년 농촌진흥청 유전자원 수집단(오른쪽 끝이 저자)

　탐사지역은 제천시 한수면 황강리, 제천시 수산면, 단양, 구룡면 일대와 중원군 사미면, 동량면, 제원군 금성면과 청풍면 그리고 단양읍과 매포읍의 각각 1~2개 동리였다. 당시 아직 공사가 완료되지 않은 때여서 자신이 평생을 살아왔고 수백 년 간 선조들의 넋이 서려 있는 고향을 본인의 의지와 상관없이 버리고 떠나야만 될 실향민들의 망연자실함을 실감할 수밖에 없었다. 충주댐 공사가 시작되면서 일부 유형문화재는 청풍화재단지 또는 다른 지역으로 이전되고, 매장 문화재는 발굴 조사가 이루어졌지만 수몰된 마을에 분포하였던 수많은 생물 자원은 멸종되었고 무형의 문화유산들은 30여 년의 세월이 흐르면서 기억에서조차 희미해지게 되었다.

　그때 그 고통 속에서도 토종종자를 영구히 살려 남길 수 있다는 수집단원들의 말에 안도하듯 수집단의 손에 종자를 넘겨주는 심정은 아마도 잘 키운 자식을 평생 다시 볼 수 없는 잘 알지도 못하는 곳으로 떠나보내는 부모의 심정이 아니었을까?

한수면 황강리의 팔순이 넘은 할아버지는 그곳에서 나서 그곳에 묻힐 것으로 알고 아무것도 모르면서 살아왔다고 했다. 이제 어디에 가서 어떻게 살아가야 할지가 막막하다면서 오랫동안 심어오던 콩, 참깨, 땅콩, 옥수수 씨앗을 내주셨다. 아마도 29년이 지난 지금쯤 생존해 계시다면 110여 세가 되셨을 텐데…… . 그냥 그렇게 잘 계실 것이라고 믿고 싶다.

토종씨앗을 내어 주신 한수면 황강리의 팔순이 넘은 할아버지(오른쪽)

밭작물, 특용작물 등 214점 발굴

당시 수집한 토종이 밭작물·특용작물·화훼작물·채소 및 과수를 포함해서 모두 5작물, 63종, 214점이었다. 수집한 토종 중 밭작물은 콩·옥수수·강낭콩·수수 등 9작물 77점, 특용작물로는 참깨·들깨·목화·해바라기·땅콩 등 11작물 35점, 채소는 파·고추·마늘·우엉·상추 등 18작물 59점이었고, 과수는 대추·감·살구·배·사과 등 9작물 23점이었으며, 화훼는 산국·산옥잠·작약·가시 없는 찔레 등 16종 20점이었다. 수집한 종자들은 다시 증식해서 농촌진흥청 종자은행 - 지금의 국립농업유전자원센터 - 에 보존하고, 영양체 자원인 과수나 화훼작물 등은 원예시험장에 보내서 연구하고 보존하게 하였다. 수집 일정이 너무 짧아서 더 많은 지역에서 보다 샅샅이 찾아보지 못한 것이 아쉬웠다. 그래도 마을과 집은 물속으로 영영 사라져 버렸고 토종종자를 지켜오던 사람들은 이곳저곳으로 흩어져 간 곳을 알 수 없지만 귀중한 토종종자 200여 점은 지금도 국립농업유전자원센터의 -18℃의 장·단기 보존시설에 남아서 귀중한 곳에 쓰일 날을 기다릴 수 있게 된 것만으로도 큰 다행으로 생각되어 지금도 마음 뿌듯하다.

진주 남강 수몰지역에서 찾은
'진주대평무'

—

진주대평무와 박도생(당시 63세) 할아버지

진주 남강댐은 1969년 준
공되어 하류 지역의 농업용
수 공급은 물론 부산, 마산,
통영시의 상수원 공급 환경
개선에도 큰 역할을 해왔
다. 그러나 산업화와 도시화로 진주 지역을 중심으로 고성,
사천, 통영, 거제 등의 생활용수와 공업용수의 수요를 충족
시키기 위한 댐의 보강사업이 불가피하게 되었다.

　본 사업의 타당성을 뒷받침하고 댐의 보강사업에 의하여
수몰될 지역과 주변의 자연 환경 및 식물상, 식생 개관, 야생
동물의 서식 현황, 이식 가능한 조경수의 현황을 조사함으로
써 자연 자원의 보전과 관광 자원의 증대를 기하고 야생동물
의 서식지를 확보하며, 수자원 함양 및 수질 정화 기능을 위

92

한 산림의 효율적인 보전관리 대책을 수립하는 목적으로 한국 수자원공사 주관으로 남강댐 담수지역 식생조사사업이 시행되었다.

그러나 수몰지역 내에서 수몰 후 사라질 수밖에 없는 토종 작물들에 대하여는 전혀 대책이 없었다. 그때까지는 대부분의 많은 사람들이 한 번 소멸되면 다시 복원할 수 없는 귀중한 토종자원에 대한 중요성을 간과하고 있기 때문이었으리라. 농촌진흥청 농업과학기술원에서는 이를 대비하고자 남강 수몰지역에 대하여 수몰 전에 토종에 대한 조사와 더불어 수집하여 보존할 것을 계획하게 되었다.

농업과학기술원의 안완식 연구관, 박용진 연구사, 남강댐 담수예정 지역 식생조사단에 참여하였던 경상대 농학과 한경수 교수, 임학과 이정한 교수 등 4인의 수집단이 1998년 10월 31일부터 11월 4일까지 5일 간 조사·수집하였다. 수몰대상 지역은 진주시, 사천시, 산청군 등지의 6개 면 2개 동의 1,525농가(12,010천m²)이다. 진주산업대 원예과의 안상열 교수와 한국수자원공사가 적극 협조하기로 하였다. 조사 대상 지역 내에 있는 농가를 방문하여 보유하고 있는 토종종자에 대하여 그 내력과 특성을 조사하고 종자나 식물체를 분양받았다.

수집·조사는 남강의 가장 아래 지역인 사천시 곤명면으로부터 시작하여 북쪽으로 진주시 대평면, 산청군 단성면 쪽으로 진행하였다. 짧은 조사기간이지만 넓은 지역의 많은 농가를 조사하기 위하여 아침 7시부터 저녁 8시까지 매일 12시간 이상을 강행군하였다. 자연부락이 형성되어 있는 동리를 지도상에서 찾아갔다. 동리 입구에 들어서면 농사를 많이 지을 법한 농가, 그 동리에서 가장 중심이 될 만한 농가나 오래되어 보이는 집이나 집 추녀나 벽에 종자나 씨앗자루가 걸려 있는 것이 보이는 집을 찾아들어갔다. 이집 저집 농가를 기웃거리다 보면 물건이나 약을 팔러 왔거나 종교를 전도하기 위한 사람들로 오해를 받기도 했다.

처음 찾아 들어간 곳은 사천시 곤명면 완사였는데 곧 다른 곳으로 이사할 준비를 하고 있었다. 이곳에서 메밀, 차수수와 중간 크기의 적팥을 수집하였고, 곤명면 6농가에서 22점을 수집하였다. 수집된 토종작물은 콩, 율무, 들깨, 배초향, 참깨, 상추 등과 야생콩, 꽃향유, 초피나무, 나팔꽃 등이었다.

수집 출장 3일째 되던 날인 11월 2일엔 진주시 대평면과 산청군 단성면 일부를 조사하였다. 조, 녹두, 팥, 들깨, 메밀, 강낭콩, 옥수수, 야생팥, 동부, 갓, 율무, 쥐눈이콩, 진주대평무, 장목수수, 새콩 등 35점을 수집하였다.

강남대근이라고 불렸던, '진주대평무'

그 중 진주대평무는 특기할 만한 토종무였다. 진주시 대평면 당촌리에서 몇 대를 살아왔다는 박도생(당시 63세) 할아버지가 대물림하여 50여 년을 심어왔단다. 대평면은 남강의 본류인 경호강이 북에서 남으로 흘러내리면서 수천년 쌓

진주 남강 수몰지역에서 찾은
밑동이 굵은 원통형인 진주대평무

잎 부분이 무성해서 시래기용으로도 좋은
진주대평무가 심겨져 있는 푸르른 무밭

인 넓은 충적지를 한들[大坪] 또는 큰뜰[大坪]로 불렸던 데
서 이름이 붙여졌다. 대평면 일대에서는 기름진 충적토에서
잘 자라는 무를 많이 재배해 왔다. 이 지역에서 많이 심어왔
던 무를 '진주대평무' 또는 남강의 아래쪽 지역에서 많이 생
산된다고 하여 '강남대근'이라고도 불렀다.

진주대평무는 1/3 정도가 지상으로 나와서 머리 부분이 가
늘고 파랗다. 밑동이 굵은 원통형이다. 잎 부분이 무성해서
시래기용으로도 좋다. 8월 하순에 씨를 뿌리면 10월 중순이
면 수확할 수 있는데, 무가 큰 편은 아니지만 그래도 큰 것은
1kg 정도는 되어 수량성이 높은 편이다. 무가 단단하고 단맛
이 많은 편이며 매콤해서 깍두기용이나 김장배추의 속으로
인기가 높았다. 많이 생산되던 때에는 김장철이면 서울, 대
구, 부산 등 대도시를 비롯해서 전국 각지로부터 오는 상인
들의 트럭이 끊이질 않았다고 한다. 11월 초순, 예전 같으면

상인들의 트럭이 길을 메웠을 지금 무를 실으러 온 트럭은 한 대도 보이지 않아 격세지감을 느낀다.

성철스님 생가에서 찾은 토종종자

다음날인 11월 3일엔 산청군 단성면 일대를 조사·수집하였다. 조, 녹두, 흰콩, 들깨, 메밀, 새콩, 오가피나무, 아주까리, 박, 시나리팥(쉰날팥 50일팥), 율무, 홍화, 호박, 땅콩, 강낭콩, 동부, 청태, 상추, 가지, 백기장, 돌동부 등 45점을 수집하였다. 단성면 묵곡리, 이번 수집·조사 계획에 포함되었던 마지막 동리에서 우연히 대선사이신 성철스님의 생가를 찾아 대립의 적색팥, 진한 갈색의 나물콩과 흰색들깨를 수집할 수 있었다. 이번 진주 남강 수몰지역에서 총 35종 93점의 사라져 버릴 뻔했던 귀중한 토종작물 자원을 찾아 보존할 수 있다는 것이 큰 보람이었다.

🥬 효능 : 빈혈 예방, 위장 보호 및 개선, 비타민 A·비타민 C·베타카로틴 다량 함유, 식이섬유 풍부, 체온을 높여주고 항암 효과

🥬 요리 정보 1-시래기된장국

멸치육수에 쌀뜨물에 푼 된장을 한소끔 끓인 다음, 삶은 시래기를 넣고 센불에서 끓이다가 한소끔 끓어오르면 중불로 줄인 다음 뭉근하게 끓인다. 이때 고추장을 1스푼 정도 넣어 끓이면 된장의 구수한 맛과 고추장의 칼칼한 맛이 더해져 개운하고 감칠맛 나는 시래기된장국을 만들 수 있다.

🥬 요리 정보 2-시래기영양밥

삶아 준비한 시래기를 3cm 길이로 썰어 물을 꼭 짠 다음 불린 쌀과 함께 밥을 안친다. 이때 밥물을 평소보다 살짝 적게 잡아야 고슬한 밥을 지을 수 있다. 여기에 밤, 대추, 은행, 연근 등을 함께 넣으면 영양도 풍부하고 균형 잡힌 영양밥을 먹을 수 있다. 뜸을 충분히 들인 다음 양념장을 곁들여 비벼 먹으면 훨씬 맛있다.

🥬 요리 정보 3-시래기나물볶음

물기를 꼭 짠 시래기를 5cm 길이로 썰어 볼에 담고 들기름, 다진 마늘, 다진 파, 된장, 국간장을 넣어 간이 배도록 조물조물 무친다. 멸치육수를 미리 준비해 두었다가 양념간이 밴 시래기를 프라이팬에 올리고 멸치육수를 붓고 센불에서 볶는다. 멸치육수는 처음부터 많이 붓지 말고 볶아지는 정도를 보아가며 조금씩 넣는 것이 좋다. 어느 정도 볶아지면 약불에서 10분 정도 더 두었다가 들기름을 조금 더 넣고 불을 끈다.

괴산이 고향인 토종종자를 찾아서

—

정읍의 여성농민회원들과 함께 정읍 지역의 토종작물 조사·수집을 마친 후 쉴 새도 없이 괴산군에서 수집을 시작하였다. 「한국토종연구회」 회원인 김석기·윤성희·안철환, 연두농장 대표 변현단 그리고 내가 단장이 되어 괴산군 전역에서 2010년 7월 3일부터 11월 30일까지 4개월 간 자연부락 전역에 있는 농가를 대상으로 가가호호 방문하여 토종을 찾았다. 괴산 군내에서도 청천면, 칠성면은 속리산 자락의 산악지방인 두메산골이어서 도시와의 왕래가 상대적으로 적었기 때문에 도시에 가까운 괴산읍이나 감물면, 불정면 등에 비하여 아직까지도 더 많은 토종이 남아 있었다.

괴산군에서 토종 63작물 310점을 찾았다. 큰 수확이다. 그 중에서 식량작물은 13작물 146점, 원예작물은 22작물 89점 그리고 특용작물은 18작물 45점, 과수 8종 30점이었다.

괴산의 토종 식량작물

괴산에서는 토종찰벼 2점을 찾았다. 그 중 괴산찰벼는 1996년 당시 충청북도농촌진흥원이 괴산에서 수집하여 보관중이던 토종찰벼이다. 「흙살림」의 윤성희 님이 받아서 보존하고 있었다. 출수기는 8월 1일경, 완숙기는 9월 15일경인 조생종이다. 키가 84cm로 다소 크고 대가 가늘고, 익어가면서 이삭이 많이 휘는 특징을 보인다. 까락은 거의 없다. 토양에 양분이 많은 경우 잘 자라고 잘 쓰러지기 때문에 거름을 조금 주어야 한다. 또 다른 밭찰벼는 청천면 월용리의 임도남(여, 당시 74세) 님이 재배하던 찰벼로 아주 차지고 까락이 길다.

❶ 괴산찰벼는 1996년 당시 충청북도농촌진흥원이 괴산에서 수집하여 보관중이던 토종찰벼이다.(윤성희 자료사진)

❷ 청천면 월용리의 임도남(여,74세) 님이 재배하던 찰벼

콩과작물 중 토종강낭콩은 대부분의 농가에서 심어오고 있다. 줄기가 곧고 키가 작게 크는 앉은뱅이강낭콩과 덩굴 강낭콩이 있다. 앉은뱅이강낭콩의 색택은 흰색, 검은색, 자 주색, 갈색 및 알록이 등으로 변화가 많다. 앉은뱅이강낭콩 은 강낭콩, 감자밭콩이라고도 부르며 덩굴강낭콩은 덩굴강 낭콩, 울타리콩, 울콩, 덤불양대, 덩굴양대, 검은울콩, 흰덤불 콩, 항우울콩, 쇠이빨콩 등으로 불린다. 덩굴강낭콩 중에 종 실의 크기가 앉은뱅이강낭콩보다 훨씬 큰 홍화채두는 붉은 꽃이 피는 것과 흰 꽃이 피는 것이 있는데 문광면 옥성리의 이금옥(여, 당시 69세) 님이 재배하고 있었다. 홍화채두는 알 이 분홍 바탕에 흑자주색 얼룩이며 크기가 크고, 백화채두는 흰 꽃이 피며 알이 희고 커서 울타리에 꽃을 보려고도 심는 단다.

괴산에서는 전라도처럼 녹두를 많이 심지는 않는다. 녹두 는 색깔이나 크기 등 그 변이가 팥처럼 많지 않다. 주로 산간 지역인 칠성면, 청천면 그리고 문광면에 분포되어 있다.

괴산의 토종동부는 전 군에 고르게 분포되어 있다.

강낭콩

녹두

울타리나 자투리땅을 이용하여 농사 짓기 쉽고, 이용하기도 쉽고, 맛도 좋기 때문에 많은 농가에서 심는다. 장연면 추점리 조인순(여, 당시 75세) 님이 60여 년 심어온 개파리동부와 어금니동부, 연풍면의 흰동부, 칠성면 외사리 이순희(여, 당시 72세) 님의 작은어금니동부, 청안면 조천리 안순희(여, 당시 77세) 님이 50년을 심어온 각시동부, 굼벵이동부, 소수면의 덤불동부 등이 있다. 그 외에 사리면 소매리의 장일예(여, 당시 72세) 님이 심어오던 갓끈처럼 40cm나 되는 긴 꼬투리가 달리는 갓끈동부가 있다.

괴산 장연면의 완두는 녹색에 표면이 쭈글거리고, 연풍면의 완두는 꼬투리가 작고 알이 동글며 표면에 주름이 없는데 반찬콩이라고 부른다. 괴산의 토종 칼콩은 콩알의 크기가 작은 엄지만한데 붉은칼콩과 흰칼콩 두 종류가 모두 재배되고 있다.

토종콩은 재배가 오래된 작목이지만 종류가 다양하지는

사리면 소매리의 장일예(여, 72세)
님이 심어오던 갓끈동부

장연면 추점리
조인순(여, 75세)
님이 60여 년
심어온 개파리동부

청안면 조천리 안순희
(여, 77세) 님이 50년
을 심어온 굼벵이동부

101

않다. 괴산의 토종콩 중 메주콩은 칠성면 사은리의 이덕재(남, 당시 66세) 님이 대물림하여 심고 있는 굵은콩과 윤월리의 최상난(여, 당시 64세) 님이 심어온 흰밤콩처럼 대립과 중대립인 것이 주를 이루고, 밥밑콩은 대부분이 서리태 종류이며, 나물콩은 소립의 검은색이 주를 이루었다. 또한 풋콩용으로 이용하는 칠성면 외사리의 임근태(남, 당시 80세) 님이 대물림으로 심는 황백색의 유월두가 있다.

　괴산의 토종팥은 콩 다음으로 괴산군 각 곳에서 골고루 재배되고 있는데, 특히 칠성면과 청천면 일대에 흔히 보인다. 팥의 낱알 색깔의 변이는 크게 단색과 얼룩빛으로 나뉜다. 청안면 장암리의 김정민(여, 당시 75세) 님이 심어온 개골팥은 흰 바탕에 검은 무늬를 지닌 전형적인 개골팥의 모양이고, 자생팥으로서 소립인 것과 중립인 것이 있다. 또한 청안면 조천리 안순희(여, 당시 77세) 님이 심어온 연두색인 이팥과 붉은색인 이팥이 있다.

칠성면 사은리의
이덕재(남, 66세) 님이
대물림하여 심고 있는 굵은콩

청안면 조천리 안순희(여, 당시 77세) 님이
심어온 붉은색인 이팥

청안면 조천리 안순희(여, 당시 77세) 님이
심어온 연두색인 이팥

괴산의 토종잡곡 중 기장은 낱알의 색택에 따라서 흰기장, 붉은기장, 황기장 등의 품종이 재배되고 있다. 장연면 조곡리의 임삼례(여, 당시 78세) 님은 붉은기장을 대물림하여 50여 년을 심어왔다. 기장으로는 밥이나 떡도 해 먹고, 술도 담는다. 괴산의 토종수수는 산악지역인 칠성면과 청천면에 주로 분포되어 있다. 청천면에는 빗자루를 만드는 키가 큰 장목수수·비수수 등이 있고, 칠성면에는 이삭이 방망이처럼 생긴 키가 작은 몽당수수·꼬마단수수 등이 있다. 이 외에 장연면에 비수수, 문광면 광성리에 검은장목수수·알수수가 있다. 대체로 괴산의 토종수수는 비를 매어 쓰는 용도의 수수가 많다.

괴산의 옥수수는 대학찰옥수수가 특산물이 되면서 대부분의 재래종이 사라지고 말았다. 괴산의 토종옥수수 중 소수면의 호정현(여, 당시 77세) 님이 심고 있던 검은찰옥수수의 경우

❶ 장연면 조곡리의 임삼례
(여, 당시 78세) 님이 심고 있는
붉은기장

❷ 청천면 대티리 이옥례
(여, 당시 81세) 님이 심어온
흰기장

103

대학찰옥수수와 다른 특별한 맛이 있기에 남은 것이고, 메옥
수수의 경우는 이전 거주지에서 이주하면서 가지고 온 것이
남은 것으로 보인다.

괴산의 토종조는 거의 자취를 감추었다. 유일하게 청천면
대티리의 이옥례(여, 당시 81세) 님이 대물림한 개발조만 찾
았다. 개발조는 끝이 5~6갈래로 개의 발처럼 갈라지며, 이삭
이 20cm 이상으로 긴 편이다.

괴산의 토종마는 주로 짧은 단마가 많은데, 전 군에서 골
고루 조금씩 재배하고 있다. 그 중에 소수면 고마리의 참마
는 자생종으로 짧고 뭉툭한 형태이고, 청천면의 단마는 추
형이다.

괴산의 토종 원예작물

토종가지의 품종 중 청천면 관평리
윤명옥(여, 당시 62세) 님이 심어온
단가지는 조생계이고, 청천면 무릉리
의 남명자(여, 당시 72세) 님이 심어
온 장형 계통은 만생종에 속한다. 모
두 대를 물려 재배하고 있다.

토종고추는 단맛과 매운맛이 적당
한 편인데, 괴산의 토종고추는 모두 3
품종이 있다. '이육사'는 청천면 운교
리의 심인서(남, 당시 69세) 님이 40

청천면 무릉리의 남명자(여, 당시 72세) 님이
심어온 긴가지

104

❶ 청천면 운교리의 심인서(남, 당시 69세) 님이 심어온 이육사 고추

❷ 청천면 무릉리의 김진숙(여, 당시 48세) 님이 충주의 친정어머니에게 받은 청용고추

❸ 문광면 광덕리의 변학열(남, 당시 73세) 님이 재배해 온 오갈초

청천면 월문리의 신옥순(여, 당시 70세) 님의 토종오이

여 년을 심어왔는데 크기가 대형이고, 풋고추는 아삭하지만 익을수록 매워진다. 갓이 두꺼우며, 수형은 곧게 자라는 편이다. '청용고추'는 청천면 무릉리의 김진숙(여, 당시 48세) 님이 충주의 친정어머니에게 받은 것으로, 크기가 대형이고 맵지 않으며 단맛이 있다. 마지막으로 '오갈초'는 문광면 광덕리의 변학열(남, 당시 73세) 님이 재배해 온 고추로 갓이 얇아서 찌면 쪼글쪼글해진다. 고춧대가 튼실하며 고추가 많이 달린다.

토종오이는 대부분 남중국형으로, 줄기가 굵고 잎도 대형이며 과실은 굵고 짧은 편이다. 늙으면 표피에 그물망이 생기는 것이 특징이다. 대체로 대를 물려 재배하고 있다. 괴산군 연풍면의 백오이는 표피가 황백색으로 육질이 단단하여 오이지를 담기에 좋다.

토종참외는 재배 참외(var.makuwa)와 잡초형 참외(var.agrestis)가 존재한다. 괴산군 사리면 화산리 이종윤(남, 당시 74세) 님 댁에서 수집한 청참외는

105

껍질은 황녹색이고 속은 희며 매우 연한데, 그 때문에 저장성이 떨어진다. 괴산군 칠성면 비도리의 농촌지도소장인 황용하(남, 당시 58세) 님이 찾아준 야생 참외는 2~4cm 정도로 매우 작은 편이고, 덩굴이 길게 뻗으며 많이 달린다.

토종토마토는 괴산군 소수면 옥현리에서 정복순(여, 당시 83세) 님이 60여 년 동안 자가채종하여 재배하여 왔다.

토종호박은 괴산군 전체를 통틀어 가장 보편적으로 심고 있는 작물이다. 그만큼 변이도 많은데, 모양에 따라 크게 둥근 형태, 긴 형태, 납작한 형태가 있다. 단호박 하나를 제외하고는 모두 동양계 호박이다.

괴산군의 토종무는 청천면 중리의 임삼식(여, 당시 77세) 님이 심어온 달랑무를 제외하고는 거의 찾아볼 수 없다. 그 맛이 좋기 때문에 40여 년 동안이나 재배하여 왔다고 한다.

토종순무는 잎은 무와 비슷하지만 종자는 배추와 흡사하다. 뿌리는 강화순무와는 달리 희고 길며 맛은 배추꼬리의 맛과 같다. 국을 끓여 먹거나 생으로 깎아 먹는다. 잎은 시래기용으로 좋다.

토란은 유성번식이 안 되므로 품종이 다양하게 분화되지 않아 토종이 많지 않다. 괴산에는 재배 면적이 넓지는 않지만 곳곳에서 소규모로 재배하고 있다. 토란은 소수면 옥현리의 김순임(여, 당시 82세) 님 댁에서 100여 년을 대물림하여 재배한 것이 있다.

토종갓은 중남부 지방에서는 따로 채종하지 않아도 종자

괴산군 사리면 화산리 이종윤(남, 당시 74세)
님 댁에서 수집한 청참외

불정면 지장리의 이석순(여, 당시 78세) 님이
시집올 때 가져온 긴호박

칠성면 태성리의 정명자(여, 당시 67세) 님이
심어온 둥근호박

청천면 고성리의 이경옥 님이 심어온 청호박

소수면 옥현리의 정복순(여, 당시 83세) 님이
자가채종으로 60여 년 동안 재배해 온
괴산 찰토마토

107

가 떨어져 저절로 많이 나고, 배추와 교잡도 잘 이루어져서 품종 분화가 많이 되었다. 괴산군에도 각지에 많이 분포되어 있는데, 사리면의 청갓과 소수면의 청갓은 40여 년 이상 재배되고 있다.

마늘은 생태형을 보아 따뜻한 지방에서 잘 되는 난지형과 추운 지방에서 잘 되는 한지형으로 구분된다. 괴산군에는 오랫동안 재배해 온 마늘을 여러 곳에서 찾을 수 있다.

배추는 불정면의 정국진(여, 당시 78세) 님이 심어온 조선배추와 연풍면의 채임순(여, 당시 78세) 님이 심어온 조선배추가 있었으며, 이들은 30여 년 이상 보존되어 온 불결구 배추로, 겉잎 쪽에 결각이 되어 있는 대표적인 토종배추의 형태이다.

괴산군의 토종부추는 크게 두 가지로 볼 수 있는데, 하나는 잎이 중간 정도로 좁은 것과 실부추가 있다.

괴산의 토종상추는 모두 잎이 붉거나 푸른 치마상추의 종류이다. 그 중에는 잎이 넓은 청천면 중리의 배추상추, 잎이 푸른 상추와 잎이 붉은 상추 및 푸른 잎에 끝부분만 붉은 조선상추가 있다.

괴산군에는 시금치를 재배하고 있는 농가가 많지 않았으나, 청천면 중리의 임삼식(여, 당시 77세) 님 댁에서 뿔시금치를 40여 년 동안 재배하고 있었다.

아욱은 괴산군에서도 흔하게 볼 수 있다. 특히 토종아욱은 잎이 작고 결각이 깊지 않으며, 육성종에 비해서 왜소한 경향이다.

　순수한 토종으로 보존되어 온 토종파는 찾아보기 힘들다. 괴산의 토종파는 중간형으로 뿌리 부분이 약간 통통하고 초겨울에 잎이 죽지만, 아무리 추운 겨울에도 얼어 죽지는 않고 봄에 잎의 재생이 빠르며 맛이 좋다.

　특히 돼지파는 줄기 아랫부분이 통통하면서 가지를 많이 치고 가늘며 추위에 강한 특징이 있다. 또 청천면 사기막리의 함송자(여, 당시 71세) 님이 심은 삼층걸이파는 양파와 파의 중간 잡종으로 양파와 유사종이다. 5월경 생장점 끝부분에 5~6개의 주아(자라서 줄기가 되어 꽃을 피우거나 열매를 맺는 싹)가 달리고, 각 주아마다 잎이 또 나온다.

통통하고 가지가 많으면서 가늘고
추위에 강한 특징을 가진 돼지파

양파와 파의 중간 잡종으로
양파와 유사종인 삼층걸이파

삼층걸이파는 5월쯤 생장점 끝부분에 5~6개의 주아가 달리고, 각 주아마다 잎이 또 나온다.

괴산군 일원에서 흔히 재배되는 쪽파

한편 쪽파는 파와 양파의 교잡종으로서 종자가 생기지 않는다. 우리나라에서 오래 전부터 재배하여 온 것으로 종자가 생기지 않기 때문에 품종 분화가 거의 이루어지지 않았다. 괴산군 일원의 농가에서 흔하게 재배하고 있다.

토종박은 재배 품종의 분화가 많으며 과실의 모양으로 보아서 둥근 것과 긴 것, 또 과피의 색이 푸른 것과 흰 것으로 분류된다. 괴산의 토종박은 큰박과 뒤웅박이 있다.

괴산의 토종 특용작물

특용작물 가운데 가장 많았던 것은 유료작물 3작물 19점, 약용작물 7작물 12점, 공예작물 3작물 10점, 섬유작물 4작물 4점이다. 특용작물 가운데 유료작물인 참깨 12점, 들깨 6점,

땅콩 1점과 닥나무·수세미·박·댑싸리 등을 제외한 기타 12작물은 현재는 대부분 쓰임새가 없어서 농가 주변에 방치되어 자라는 경우가 많았다.

괴산의 토종 과일나무

괴산군에는 예로부터 여러 종류의 감나무가 많았다. 그 가운데 청천면과 문광면에서는 수령 200여 년이나 되는 둥시가 주종을 이루고 있었으며, 월하시·골감·뾰조리감 등이 곳곳에 보였다. 문광면 광성리 황순천(여, 당시 78세) 님의 집 근처에 있는 둥시는 수고 16m, 수관 폭 10m이며 근원경 265cm 정도의 수령 250년이 넘었고, 월곡리 이영옥(여, 당시 72세)님 댁에 있는 월하시는 150여 년생이다. 연풍면 행촌리에는 150여 년생의 둥시를 비롯하여 150여 그루의 감나무가 있으며, 청안면 문방리 구석골에도 150여 년생의 둥시가 있다. 괴산읍 월곡리 정용마을에는 침시로 좋은 월하시와 골감, 뾰조리감 등이 있다.

괴산군 칠성면 쌍곡리 칠보산장 앞 냇가에 있는 토종밤나무와 청배나무, 청천면 월문리의 청배나무, 청천면 대티리의 돌배나무가 있다. 그 외에 청천면, 칠성면 등지의 산에는 지금도 자생하고 있는 으름·머루 등의 과실나무가 많다.

❶ 뾰조리감 ❷ 월하시 ❸ 대접감 ❹ 골감 ❺ 둥시

선친께서 심으셨던 호래비밤콩

—

포천의 김숙자(여, 76세) 님이 21세때 시집와서
대물림하여 55년을 심으 셨다는 호래비밤콩

나는 젊어서부터 콩을 넣고 짓는 흰쌀밥을 좋아했다. 요즘
와서는 검은 쌀, 보리 외에도 여러 가지 잡곡을 넣고 서리태
를 넣거나 선비잡이콩이나 아주까리밤콩을 넣기도 한다. 그
런데 밥 속의 콩을 먹노라면 늘 17년 전에 돌아가신 아버지
생각이 떠오르곤 한다. 선친께서 생존해 계실 때 우리는 지
금은 행정 구역이 바뀌어 안산시 반월동으로 편입된 반월면
사사리에 살았었다.

아들인 내가 수원에 있는 농대를 다니게 되어 1961년에 서
울에서의 살림살이를 접고 따라 내려오셨다. 집 앞에는 300
여 평 남짓한 밭이 있었는데 평소 좋아하던 여러 가지 꽃나
무도 심고, 상추·배추·마늘·고추 등 채소류를 심었는데 해마
다 빠지지 않고 심는 것이 밥에 넣어먹는 흰 콩이었다. 콩의
이름을 물으니 홀아비밤콩이라 하셨다. 아마 홀아비밤콩을

경기도에서는 호래비밤콩 혹은 호래비콩으로 불렀을 것이다. 황백색 종피에 눈은 연한 갈색이고 단타원형이면서 크고 약간 납작한 모양이다. 특히 종피는 약간씩 틔어 있는 것이 특징이다. 홀아비밤콩이라고 부르게 된 이유에 대하여 아무도 아는 이가 없다. 아마도 콩이 희고 큰 데다 홀아비밤콩의 고투리에는 큰 콩 알이 한 개 아니면 두 개만 여물기 때문이 아니었을까 한다. 본래 홀애비콩은 조선시대의 농업 서적인 《행포지(1825)》와 《임원경제지(1842~45)》에도 홀애비콩 또는 하나콩[鰥夫豆]으로 기록되었다. 하나콩은 한자의 뜻으로 보면 홀애비콩이다.

밥을 지으면 콩이 잘 무르고 밥맛이 참 좋다. 그래서 해마다 빠뜨리지 않고 심으셨던 것이다. 홀아비밤콩은 경기도 토박이셨던 선친께서 오래전 어려서부터 용인에서도 심는 것을 보았다고 하셨다. 그런데 재미있는 사실은 홀아비밤콩을 경기도가 아닌 다른 도에서는 발견할 수 없었다는 것이다. 내가 전국적으로 30여 년 간을 토종을 찾고 수집해 왔지만 홀아비밤콩은 경기도에서만 볼 수 있었다. 2014년 강원도 횡성에서 수집하였는데 20여 년 전부터 심었다고 한다. 그 특성이 흰 콩이지만 본래의 홀아비밤콩과는 다소 다른 모습이었다. 아마도 홀아비밤콩이 맛이 좋다고 하니 그렇게 이름을 붙인 것 같았다.

호래비밤콩 꼬투리

선친께서 돌아가시고 나서 홀아비밤콩은 내 곁을 떠났다. 그 후 밥을 먹을 때면 생각이 나서 나는 백방으로 홀아비밤콩을 찾았다. 의왕시 월암동, 화성시에서도 찾았고 강화에서는 세 집에서 볼 수 있었지만 조금씩은 다 차이가 있다. 아직까지 찾은 홀아비밤콩 중에서 옛날 아버지께서 심으셨던 것과 꼭 같은 것을 찾을 수 없어 안타까웠는데 마침내 2015년 포천에서 선친께서 심으셨던 홀아비밤콩과 흡사한 콩을 찾았다. 포천시 호국로에 사시는 김숙자(여, 당시 76세) 님이 21세 때 시집와서 대물림하여 55년을 심으셨단다. 콩알의 크기, 색깔, 모양과 특히 부정형의 등 트임까지 거의 같다. 오랜만에 선친의 따뜻한 체온을 느끼기라도 하는 듯이 반가운 기분이었다. 홀아비밤콩 외에도 흰찰수수, 재팥, 붉은팥, 덩굴콩, 쥐눈이콩, 녹두와 참깨 등 많은 토종을 찾았다.

그런데 왜일까? 왜 이름은 다 같은데 모양이 조금씩 다른 것일까? 그 대답은 "토종이기 때문이다."

모든 생물은 살아가는 환경에 따라서 진화한다. 수억 년 전부터 진화와 변화를 거듭한 인류의 피부색 변화를 비유로 삼을 수 있을 것 같다. 아프리카 인류가 세계 최초의 인류이다. 즉 최초의 인류 형태는 모두 흑인이었다. 아프리카에서 다른 곳으로 이주하면서 기후의 변화에 적응하기 위하여 멜라닌 색소에 변화가 왔다. 추운 곳으로 간 인종들은 멜라닌 색소가 적어져서 백인이 되었고, 아시아 쪽으로 이주한 사람들은 황인종이 되었다. 적도 근처에 살아온 흑인종은 태양의 적외

114

선과 자외선에 적응하기 위해서 거기에 적합한 멜라닌이 많은 검은색 피부를 그대로 갖게 되었다.

토종콩 중에도 그런 예를 흔히 볼 수 있다. 아주까리밤콩과 대추밤콩이 그렇다. 선비잡이콩 중에도 변이가 많은 것을 관찰할 수 있다. 아주까리밤콩은 본래 콩의 무늬가 아주까리씨의 무늬와 비슷하고 그 색은 밤색이어서 아주까리밤콩이라고 부르는데 아주까리밤콩 중에는 그 크기로부터 무늬의 선명 정도, 무늬가 아주 없어서 이름까지 바뀐 밤콩까지 다양하다. 모두 오랜 세월 동안 서로 다른 농부들의 손에 의하여 재배되어 오는 동안에 이렇게 바뀐 것이다. 어떤 농부는 무늬가 적은 것이 좋아서 그런 것을 골라 심게 되었고 어떤 이는 숫제 무늬가 없는 것만 골라 심으니 밤콩이 되고 말았다.

선비잡이콩은 동글고 납작한 밥밑콩이다. 납작한 양쪽에만 큰 검은 무늬가 있어서 선비가 먹물 묻은 손으로 콩을 잡는 바람에 무늬가 그렇게 되었다는 사람도 있고 선비를 잡아둘 만큼 맛이 있어서 선비잡이콩이라고 부른단다. 선비잡이콩은

❶ 여주군 점동면 도리길에서 정일순 님이 심어온 아주까리콩
❷ 포천시 영북면 호국로에서 김춘기 님이 전부터 심어온 선비잡이콩
❸ 포천시 영중면 백로주길에서 허기순 할머니가 심어온 아주까리밤콩

115

전국적으로 발견되는데 그 중에도 수집되는 지역에 따라서 콩의 크기나 무늬의 크기와 모양이 다 다르다. 마찬가지로 오랜 세월 동안 동떨어져서 재배되다 보니 그곳의 기후나 재배하던 농민의 취향에 따라서 그 결과가 달라진 것이다.

홀아비밤콩 또한 수집지역마다 그 모양이나 크기, 등 트임 등 그 특성이 다른 이유가 바로 여기에 있는 것이다. 굵은 것만을 심어온 집은 굵은 콩이 되었고, 등 트임이 싫은 농부는 등이 트이지 않은 콩만 골라 심었을 수 있다. 그 결과가 내가 지금까지 찾았던 10여 곳의 홀아비밤콩과 선친께서 심었던 홀아비밤콩이 꼭 같지 않았던 이유일 것이다. 그보다 가장 중요한 것은 홀아비밤콩의 맛이다. 아마도 여러 곳에서 그 홀아비밤콩들의 맛이 좋았기 때문에 지금까지 계속 심어왔을 것으로 생각된다.

나는 명절을 맞아 효도 한 번 제대로 못 받으시고 돌아가신 아버지를 그리며 홀아비밤콩의 이야기를 하고 있다. 동시에 지금에 와서 더욱 실감나는 우리가 지켜가야 할 토종 보존 방법으로써 가장 바람직한 방법을 깨닫고 실천되어 갈 수 있도록 할 것을 다짐해 본다. 바로 토종은 농부의 손으로 지켜져야 한다는 진리이다. 앞의 예에서 보았듯이 토종이 농부의 손에서 지켜질 때에 그 지역에 적응하는 토종종자가 만들어지고 전해져 가는 것이다. 수집한 토종종자가 종자은행의 -18℃의 밀봉된 알루미늄 호일 속에서 100년을 살아남는다 해도 그 종자는 100년 전의 특성을 그대로 지니고 있을 뿐이지만, 100년 동안을 농부의 손에서 대를 이어가면서 재배될 때 그 동안의 달라진 기후와 재배하는 농부에 따라서 다른 선발의 효과가 나타날 것이기 때문이다. 100년 전과 지금의 지구 기후의 변화는 큰 차이를 보이고 있다. 사과의 주산지가 북상했고, 남해안에서만 살아남던 동백과 남천이 화성의 남쪽 건물 앞에서 월동을 한다. 농촌진흥청에서는 앞으로 온난화하는 기후에 대비한 농작물 개발이나 농법을 연구 중이다.

그러므로 다시 한 번 강조하지만 우리나라 100만 농가마다 한 농가에서 최소한 한두 가지의 토종종자를 대를 이어가며 보존하는 것은 커다란 뜻이 있는 것이다.

토종을 살리고 그 토종을 농가에서 지켜야 하는 또 다른 이유는 종자기업에 의하여 만들어진 비싼 씨앗이 농민에게 주는 피해, 즉 생산가는 비싸고 농산물 가격은 떨어지는 악순환을 최소화하며, 재배 품종의 획일화에 의한 미래의 위험에서 벗어나는 길이며, 급변하는 기후환경에 잘 적응되어 가고 있는 토종을 농가에서 보존·활용하는 것이 세계 유일의 우리 유전자원을 지켜갈 수 있는 유일한 길이기 때문이다.

그래서 지금 비영리단체인 「토종씨드림」 모임이 전국여성농민회총연합과 뜻을 모아 펼쳐 나가고 있는 '한 농가 한 토종 갖기 운동'이 실현될 수 있도록 씨드림 회원과 여성농민은 물론 전국의 농가가 이에 뜻을 함께 하여 주실 것과, 정부나 관련 기관에서도 100년 대계를 위하여 깊은 관심을 가져줄 것을 두 손 모아 바라는 바이다.

강화군 교동면의
'약콩', '오가피콩'
—

강화군으로 토종씨앗을 찾아 떠난 것은 지난 2014년 11월 초, 찬 서리가 내리기 시작한 즈음이었다. 강화군에서 토종 종자박물관을 계획하여 추진하고 있다면서 나를 불렀다. 내가 바라던 바이기도 하였고 강화는 내가 젊었던 시절에 몇 차례 주마간산 격으로 수집을 하였던 곳이라서 이번 기회에 좀 더 면밀하게 토종씨앗을 찾아보고 싶기도 하였다.

기왕에 강화군 농업기술센터에 설치되어 있던 농업박물관 리모델링을 수주하고 있는 주식회사 보국의 협력을 얻어 토종씨앗 수집을 떠난 참이었다. 씨드림 토종수집단은 추위가 오기 전에 강화군의 도서 지역부터 샅샅이 뒤져보기로 이미 작정하고 교동도로 입성을 하였다.

수집단원은 4명을 기준으로 출발을 한다. 단원들에게는 그 임무가 불문율로 부여된다. 우선 차를 움직일 '기사'는 늘 남성인데, 기사는 핸들을 잡는 동시에 수집해야 할 장소를 잘 안내할 수 있는 인간 네비게이션의 특성을 지녀야 한다. 더불어 농가의 어르신들에게 토종씨앗을 내놓게 하는 바람잡이 역할도 한다. 다음은 '미인계'다. 할머니가 아닌 할아버지가 나오셨을 때는 역시 여성의 부드러움이 통한다. 또 한 여성 단원은 '수집 기록원'이다. 씨앗의 특성과 재배 방법 등을 기록하고 씨앗을 받아내고 기념품을 전달한다. 나는 '찍새 겸 확인자'다. 조수석에 앉아서 이집 저집을 가보기를 추천한다. 또 씨앗을 보고 토종인지의 여부를 확인하고 씨앗에 얽힌 내력을 알아낸다. 단원들은 늘 함께하기에 무언중에도 서로를 이해하는 정도에 이르렀다. 토종을 사랑하기에 앞도 보이지 않는 아침 6시에 기상해서 밤 8시에 끝이 나는 고달픔에도 행복감을 느낀다.

몇 년 전만 하여도 교동도는 배편으로 어렵게 건너야 했지만 이제는 개통된 연육교가 있어서 섬이 육지가 되었다. 아침에 들어가서 볼일 다 보고 저녁 늦게라도 나오면 된다. 전 같으면 섬으로 떨어져 있어서 신비감도 있었는데 이제 연육교로 이어져서 육지가 된 이후로는 관광객들도 이곳 섬에서 잠을 자는 일이 거의 없단다. 또, 이곳 교동도만의 농산물도 없어지고 여기서 사가지 않고 실컷 돌아보다가 농산물은 강화 본도에 나가 산다고 울상인 농민이 많다.

교동도에 들어간 다음날, 내가 6년 전 교동도에 배를 타고 들어가서 하루를 묵으면서 오가피콩을 수집하였던 한정순(여, 당시 74세)과 전재순(남, 당시 74세) 부부의 집을 다시 찾은 것은 저녁이 다 될 무렵이었다. 마침 부부가 다 있었지만 6년 전 잠시 만났던 내 모습을 기억할 리 만무하다. 그러나 그 당시 거기서 수집하여 간 오가피콩과 완두, 시금치 등등의 씨앗 이야기에 내 모습을 조금은 기억하는 듯 수염을 길러서 몰라봤다며 반갑게 맞아준다.

교동 동로는 전씨와 한씨가 많은 집성촌이다. 전재순 옹은 이곳에서 20대를 살아온 이곳 토박이인 셈이다. 시조 할아버지가 고려 공민왕 때 이성계 반란시에 '불사이군'의 뜻을 품고 이곳으로 낙향한 전사안(全思安)이라는 분으로 대사헌을 지내셨단다. 그 후로 이곳에 전씨 가문이 뿌리를 내려 지금까지 번창하며 살아왔다. 몇 년 전만 해도 한국전력에서 은퇴 후에 집 앞뜰에 논 5,000여 평과 밭 800여 평을 내외가 농사지어 오면서 1남6녀를 길러내서 모두 결혼시켜 분가시키고, 이제는 부부가 대부분의 땅을 남에게 내어 놓고 텃밭에서 부모가 물려준 토종을 지키며 살아가고 있단다. 아들을 건축공학을 전공한 기술사이면서 박사로 키워냈고, 딸들을 모두 공인으로 키워낸 보람을 갖고 긍지가 크지만 이 농사를 그리고 이 토종씨앗들을 물려받을 자손은 아무도 없다. 이것이 우리 한국 농촌의 현실인 것이다. 지금이라도 없어져가는 토종씨앗을 모아서 보존해야 할 이유가 여기에 있는 것이다.

"오가피콩을 좀 보여주세요. 전부터 바꾸지 않고 심어오던

120

다른 씨앗들도 좀 보여주세요!"

"6년 전에 가지고 계시던 종자를 지금도 갖고 계신지 궁금해서요."

한정순 할머니는 부엌 쪽 광에 들어가시더니 한참 후에 씨앗대신 커피를 타 내오셨다. 그리고는 다시 들어가시더니 또 한참이 지난 후에야 이것저것 씨앗들을 챙겨 나오신다. 녹두, 순무, 완두, 시금치, 둥근호박, 갈보리 그리고 오가피콩까지 7가지나 가져오셨다.

내가 반가움에 검은빛의 타원형으로 약간 납작한 좀 크다 싶은 콩을 얼른 손바닥에 얹으면서 우리 수집단 일행들에게 "이게 그 오가피콩이야!"라고 말하니 일행은 모두 신기하다는 듯이 콩을 만지며 살핀다. 오가피콩이 뭐 다른 콩과 별 다른 특징이 있느냐는 물음에 전재순 옹이 말을 잇는다.

"오가피콩은 콩잎이 다섯 장이야! 보통 콩은 세 장이잖아! 보통 콩과는 다른 점이 있어. 오가피콩을 넣고 쌀밥을 지으면 밥이 다 되어서 솥뚜껑을 열 때 오가피 향내가 약간 풍겨. 그래서 오가피콩이라고 이름이 붙였는지도 몰라. 밥맛보다는 약콩으로 먹고, 다른 품종들보다 빨리 되어서 추석에는 송편 소로 좋아. 그래서 해마다 집에서 먹을 정도로만 계속 심어왔어."라면서 자랑을 한다. 오가피콩을 언제부터 재배했느냐는 물음에 20여 년 전에 교동면 인사리에 사는 친구 집에 갔다가 좋다기에 얻어다 심기 시작하였단다. 어찌되었던 특이한 콩이다.

검은빛의 타원형으로 약간 납작하고
좀 크다싶은 콩으로, 표피가
트이는 특성을 지닌 오가피콩

일반적으로
콩의 소엽은 3장인데 비해
소엽이 5장인 오가피콩

　오가피콩을 보고 나니 다른 씨앗들이 궁금하다. 먼저 크기
가 약간 작다싶은 녹두를 보았다. 특유의 밝은 연두색인 토
종 녹두는 명절에나 기제사 때 아니면 아이들과 함께 식구들
이 모였을 때 숙주나물로 혹은 빈대떡을 부쳐 먹으려고 조금
심는단다. 오랜만에 친구들 만나서 빈대떡을 두툼하게 부쳐
서 막걸리 한 잔 마시면 시골 사는 맛이 난단다. 나와는 동갑

내기인 바깥양반 전재순 옹이 토종녹두는 맛이 다르다며 녹두빈대떡을 부쳐 먹고 하루 쉬어가란다. 지나가는 말이라도 반갑고 고마운 시골 인심이 느껴진다.

대물림하였다는 순무는 시판되고 있는 순무와는 크기와 색택이 다르다. 시장에 흔히 나와 있는 순무는 겉이 조금 반들반들하고 크며 색택이 순무 전체가 자주색에 가깝다. 한정순 할머니가 대물려서 심어온 순무는 표면이 흰색인 흰 순무와 표면의 윗부분만 옅은 자색이고 그 아랫부분은 흰빛인 순무이다. 순무의 육질도 시판종보다 단단하단다.

이른 봄인 3월 초·중순에 씨를 뿌리는 완두 또한 시어머님으로부터 물려받은 것이란다. 6월이면 수확해서 밥을 지어 먹을 수 있으니 파종해서 수확에 이르기까지 가장 짧은 기간에 먹을 수 있는 콩이란다. 뿔시금치 또한 물려받아 심어오는 것인데 시모님이 가장 잘 드시던 채소 중의 하나란다. 이 댁에서 심어온 시금치는 잎에 깊은 결각이 있고, 가을에 텃밭에 뿌려서 겨울이 지나면 달고 맛이 좋아 시중에서 파는 시금치와는 그 맛의 차원이 다르단다.

둥근호박

123

또 한 가지 전씨 댁에서 대물림하여 재배해 온 토종은 둥근호박이다. 높이와 폭이 30cm×30cm 정도 크기인 이 호박은 표면이 갈색을 띠며 속은 주홍색을 띠는 노란색이다. 애호박으로는 된장찌개·부침개 등을 해 먹고, 늙은 호박은 호박고지를 켜서 말려두었다가 호박떡을 해 먹는다. 호박김치도 하고, 호박죽으로 혹은 젊었을 때 아이들 해산 후에 부기 빼는 약으로도 여러 번을 고아먹은 덕분에 지금도 한정순 할머니 본인이 건강한지도 모를 일이란다.

마지막으로 본 갈보리는 가을에 심는다 해서 붙여진 이름 같다. 밭에는 이미 파종이 되어서 파릇이 나와서 가랑잎을 이불삼아 엄동의 추위를 이겨내고 있었다. 지금의 60대들만 해도 보릿고개를 넘기기가 얼마나 힘들었는지 경험으로 느껴 알겠지만 요즈음 젊은이들은 보릿고개가 무슨 뜻인지 아는 이가 많지 않다. 전 해에 생산했던 식량이 다 떨어져서 배고픔을 이기기 어렵던 1970년대 이전의 시절만 해도 대대로 심어왔던 보리인데 지금은 엿기름을 길러서 감주를 담가 먹거나 고추장을 담그는 용도로, 혹은 옛날을 회상하기 위한 조경용 정도로 추락한 것을 보기가 안쓰럽다.

귀중한 우리 토종씨앗을 잘 보존하여 준 한정순 할머니와 전재순 옹에게 다시 한 번 감사드리며 저녁을 들고 가라는 내외분을 만류하고 다른 동리의 토종을 찾아서 발길을 옮겼다.

녹구만이 마을에서 만난 토종종자들

—

동강이 흐르는 아라리의 고향 정선은 그야말로 우리나라에서는 오염되지 않은 청정지역이다. 인간의 발길이 적은 곳에 토종이 더 많이 남아 있을 것이라는 기대를 갖고 정선을 향해 토종수집을 떠난 것은 2014년 9월 중순, 이제 막 풍성한 가을의 문턱에 들어온 때였다. 두 사람의 씨드림 토종수집단원과 함께 정선에서 수집을 시작한 지 둘째 날이다. 이번 주의 수집은 북평면 일원 내의 자연부락이 있는 곳으로 토종이 있을 만한 대부분의 농가를 다 빠지지 않고 돌아보는 것이 우리 수집단의 목표다.

둘째 날 저녁이 다 되어 갈 무렵 북평면 가평 길의 녹구만이 마을을 찾았다. 녹구만이는 본래 한자 "녹곡(綠穀) 많이"라고 부르던 데서 기원했단다. 푸른 곡식이 많다는 뜻인데 아마도 넓은 평야가 없는 산골 큰 냇가 근처여서 누렇게 익어가는 벼가 별로 심기지 않는다는 뜻인지도 모르겠다. 이곳은 송천과 골지천이 만나는 그 유명한 정선 아우라지에서 골지천을 거쳐서 한강에 이르는 강줄기의 중간 시냇가, 그 옛날 여량사람들과 탄광에서 땀 흘려 일하던 광부들 그리고 석탄을 나르던 정선선 철도가 지나는 길목에 인접해 있는 작은 마을이다.

녹구만이 마을의 김옥순 아주머니댁

녹구만이 마을에서 마지막으로 찾아들어간 집은 김옥순 (여, 당시 60세) 아주머니 댁이다. 저녁 준비로 찬을 만들다 말고 얼른 나와 반가이 맞아주신다. 나뭇가지를 엮어 만든

푸른 곡식이 많다는 녹구만이 마을의 김옥순(여, 당시 60세) 님 댁에서 토종을 분양받고 있는 수집단원들(오른쪽부터 박영재, 양인자, 김옥순 님)

126

김옥순(여, 당시 60세) 님 댁에
잘 보관된 토종종자들

울타리 안으로 마당이 꽤 넓다. 추녀 밑에는 내년에 파종할 옥수수자루가 몇 개 묶여 매달려 있다. 부엌에서 마주보이는 쪽으로는 높직하게 비가림을 하여 수확한 농산물을 탈곡 전에 임시로 보관하거나 농기구 창고로 쓰이는 넓은 헛간이 있는데 그 헛간 추녀 안쪽으로 수수목, 옥수수자루와 씨앗이 담겨 있을 만한 작은 자루들이 가지런하게 걸려 있다. 수집단으로서는 엄청 반가운 모습이다. 저런 농가의 모습 속에서 여러 가지 토종을 찾기 쉽기 때문이다.

집에 들어서자마자 우리들의 방문 목적을 분명하고도 짧게 밝혀야 한다. 아니면 교회의 전도 목적이거나, 물건을 파는 사람들로 오인하고 대꾸조차 잘 안 하고 돌아서려는 경우가 종종 있기 때문이다.

아삭하고 연한 토종오이, 물외

"저희들은 군 농업기술센터의 협조로 이곳 정선에 옛날 종자가 있는지를 보려고 왔어요. 혹시 오래 전부터 심어오시던 종자가 있으면 보여주세요."

조금 생각을 하시던 아주머니는 "글쎄요. 전부터 심어오던 물외(토종오이)가 있는데요."라고 한다.

"좀 보여주세요."

아삭하고 연하면서 달콤하고도 시원한 향과
맛 때문에 해마다 심는다는 토종오이, 물외

"지금은 내년에 심으려고 받아놓은 씨밖에 없지요."라면서 신문지에 싸인 새하얀 오이씨를 찬장에서 꺼내 오신다. 언제부터 심어오셨느냐는 물음에 젊어서부터 심어왔는데 요즈음 흔히 먹을 수 있는 오이와는 전혀 다른 맛이란다. 그래서 오이가 많이 달리진 않지만 그 아삭하고 연하면서 달콤하고도 시원한 오이 향과 맛 때문에 해마다 심는단다. 오이가 늙으면 표면이 흰색으로 그물 모양으로 갈라지고 팔뚝만큼 자라서 한여름 오이생채를 만들어 연전에 담가서 잘 익은 고추장에 참기름 좀 넣고 썩썩 비비면 그 맛이 그만이라 다른 반찬이 따로 필요없단다.

헛간에 숨어 있던 다양한 토종씨앗들

"물외 말고 다른 씨 있는 거 생각해 보세요." 하며 다른 씨를 찾자 아주머니는 헛간에서 씨앗이 든 플라스틱 바가지를 들고 나오신다. 그 속에서 청갓 씨, 보리, 피마자, 청상추와 잎상추 씨앗, 콩, 팥, 녹두, 덩굴콩 씨앗들이 쏟아져 나왔다.

청상추는 파란색 상추로 추위에도 잘 견디면서 잎의 주름이 깊어 오글오글하다. 30대 젊어서부터 심어왔단다. 잎상추도 잎의 색이 연녹색인데 잎이 길고 타원형이다. 완주에서 수집했던 남배상추와 비슷한데 맛이 좋아서 30여 년 정도를 계속 심어왔단다.

128

청상추는 파랑색 상추로 추위에도 잘
견디면서 잎의 주름이 깊어 오글오글하다.

청피마자는 어려서 언니랑 손톱에 봉숭아물을 들일 때 백반을 넣고 찧은 봉숭아를 손톱 위에 얹고 피마자 잎을 따서 실로 싸맬 때 썼었는데 요즈음엔 매니큐어가 흔하니 봉숭아를 쓸 이유가 없다며 대신 여름에 연한 잎을 따서 끓는 물에 살짝 데쳐서 햇볕에 잘 말려 묵나물로 두었다가 명절 때 꺼내서 삶아 기름 넣고 무치면 그 맛이 정말 좋단다.

겉보리는 여섯 줄로 까락이 긴 가을보리인데, 예전에는 가을이면 밭에 뿌려서 겨울을 지내고 나서 이른 봄엔 보리밭 밟기를 열심히 해야 잘 살아나서 보리를 먹을 수 있었단다. 5월 초면 이삭이 패는데 이때쯤이면 지난해 갈무리했던 식량은 다 떨어져서 남은 식량으로는 얼굴이 비칠 정도로 물을 많이 붓고 쑨 시래기죽이나 들에 나온 쑥이나, 나물을 뜯어 삶아먹기도 하고 옥수수로는 올챙이국수를 만들어 먹으면서 허기를 달래셨다고 한다. 어릴 적 보릿고개 시절을 겪은 것이 엊그제 같은데…… 벌써 이렇게 나이 먹고 모두 잘 살게 되어서 옛날 생각을 하게 된다며 잠시 옛날을 회상한다.

오랫동안 심어오셨던 여러 가지 토종종자들을 조금씩 얻었다. 찰수수와

엿기름을 기르려고
해마다 조금씩 심는다는 보리

129

강원도 주먹찰옥수수, 덩굴강낭콩은 가까운 다른 집에서 이미 수집하였기에 김옥순 아주머니 댁에서는 그만두기로 하였다.

수집을 끝내고 인사를 하고 나와 차를 타려는데 텃밭 밭둑에 브로콜리 잎을 닮은 자그마한 양배추가 드물게 몇 그루 보였다. 다시 뒤돌아 아주머니께 물으니 '왜무꾸'란다. 생소한 이름이라서 왜무꾸가 무엇이냐고 다시 물었다. 시어머님으로부터 대물림하여 왜무꾸를 심어왔다고 한다. 왜무꾸는 전부터 정선과 평창 일대에서 흔하게 심어 식량삼아 먹어왔단다. "시집와서 젊은 시절에는 왜무꾸 덕에 끼니를 이을 수 있었지요."라면서 지금은 식량이 풍부하고 먹을거리가 많아서 왜무꾸가 거의 자취를 감춘 지 오래 되었지만 나이가 지긋한 이곳 사람들은 왜무꾸를 모르는 사람이 없단다. 왜무꾸는 이곳에 많이 심었던 되호박과 함께 삶아서 먹으며 배고픔을 달랬던 귀한 작물이었다고 회상하신다.

아주머니에게 오래 심어온 이 토종들을 잘 보존하시라고 부탁을 빼놓지 않았다.

"요즘처럼 겨울에도 추위가 전 같지 않고 날씨가 점점 따뜻해지고 기후가 빠르게 변하는데 아주머니들이 옛날부터 심어오던 토종을 계속 심어가면서 해마다 씨를 다시 받아 심으면 씨앗들도 자연히 변해가는 기후에 적응해 가기 때문에 심던 토종을 계속 심는 것이 중요해요."

130

아찔했던 눈길과 토종감자,
'울릉홍감자'

———

2008년 10월 농촌진흥청에서 받은 특별예산으로 강화도, 울릉도, 제주도에서 토종을 수집하게 되었다. 울릉도로 수집을 떠난 건 같은 해 12월 14일 새벽 4시, 내가 총책, 텃밭보급소 소장인 안철환 선생이 운전을 맡고, 김석기 군은 인간 네비게이션으로 지도를 보면서 조수석에 앉아 안내 역할을, 박문웅 박사와 횡성에서 온 한영미 님은 수집 보조 역할로 수집단을 꾸렸다.

포항항을 출발하여 울릉도에 배가 도착하자마자 항구 근처인 도동항에 나가 투싼이란 차를 빌렸다. 타이어가 심하게 닳은 것 말고는 겉보기에 큰 이상은 없었다. 수집단원 중 내가 제일 나이가 많았지만 직접 운전을 하기로 하였다. 젊은 이들에게 뭔가를 좀 보여줘야겠다는 좀 으쓱으쓱한 생각을 하면서…….

쉴 새도 없이 무언가 큰일을 한다는 들뜬 기분으로 토종 수집에 나섰다. 눈이 와 미끄러운 길을 기어올라 울릉도의 옆 대문격인 저동항 쪽으로 내려갔다. 얼어붙은 눈길에 겨울비까지 뿌리니 무척 미끄럽다. 저동항을 지나 울릉군청을 밑에 두고 해안도로로 접어드니 여전히 빗줄기는 추적추적 내리고 굴삭기가 방금 굴러 떨어진 4~5톤은 족히 될 만한 큰 바위를 치우고 있다. 울릉도에서는 흔한 일이라고 한다. 하지만 아찔하다. 내가 지나던 순간에 만일……? 생각할수록 등골이 오싹하다. 그것도 잠시, 역시 해안도로를 지나면서 보이는 풍경이 장관이라 모든 어렵고, 위험하고, 힘들었던 일들을 곧바로 잊게 한다. 그렇기에 인간이 모든 것을 탐험하고 개척할 수 있지 않았을까?

천부동을 오르는 길에서 차를 세우고 고민에 빠졌다. 여기를 차로 올라갈 것인가, 아니면 포기할 것인가? 안 그래도 여기까지 오려고 고개 하나를 넘으며 목숨을 걸고 왔는데 여기에 올라가다가 이도저도 못할 상황이 오면 어떻게 할 것인가? 바닥이 얼어있는 데다 가랑비가 내리는 길을 오르려니 정말 미끄럽다. 곡예를 하듯 차를 운전해서 더 미끄러운 내리막길을 내려왔다. 현지 사람이 아니면 운전하기 힘들 거라는 숙소 주인아주머니의 말이 그제야 실감났다. 현포리 옥녀봉이라는 곳에서 토종을 많이 갖고 계신 한 집을 찾았다. 북면 현포2리 김용호(남, 당시 75세), 김만복(여, 당시 70세) 어르신 댁이다.

"할머니! 옛날부터 심어온 씨앗, 토종 있어요?"

뭘 그런 걸 물어보냐는 듯 물끄러미 보며 생각하신다. 이때다. 있다. 다시 한 번 강하게 묻는다. 있음직한 종자로 말을 이어본다. 다른 토종종자를 찾아내기 위한 한 방법이다.

"왜, 옥수수 있잖아요?"

"있지."

광에서 토종고추를 꺼내온 할머니

노부부는 옥수수를 시작으로, 메주콩 두 종류, 검정콩, 콩나물콩을 줄줄이 내어 오셨다. 거기에 돌아서다 본 호박에 밭에 심은 부지깽이나물까지…… 또 고추는 없냐는 물음에, "고추 있지." 하며 보여주신 광에서는 할머니의 종자 보관법까지 배울 수 있었다. 몇 번이고 허리 굽혀 고마움을 표했다. 토종수집을 다녀본 경험으로는 이렇게 부부가 해로하시는 댁에 토종을 많이 갖고 계시다.

지도에 마을이 표기된 곳은 거의 다 찾아 돌아다녔다. 역시나 농사를 지을 만한 곳에는 드물지만 토종이 남아 있었다. 울릉도는 누구나 웃으며 반기는 분위기다. 추운데 들어오라는 말은 가장 많이 들은 말. 이방인에게 경계를 품지 않는 건 왜일까? 개마저 사람을 보면 반가워 꼬리치며 좋아한다. 여기에서 사납게 짓는 개는 보지 못했다. 주인이 여유 있고 착해서일까? 울릉도 사람들의 밝음, 환대는 확실히 도시의 여느 사람들과는 다르다.

토종수집을 떠나면 아침을 먹는 일이 걱정이다. 놀러갔다면 느지막하게 일어나니 아무 문제가 없겠지만 토종수집을 나간 내내 걱정한 것은 어디서 아침을 먹느냐 하는 것이었다. 아침 7시에 기상해서 저녁에는 어둑해져서 내 주먹도 잘 안 보일 때쯤, 더 이상 농가를 방문하기가 어려울 때 끝내고 저녁을 먹고 나서 숙소에 들어가서 다시 정리하고 나서 각기 제 방으로 돌아가 쉬게 되니 하루에 13~14시간 근무하는 건 보통이다.

다음 날 저동으로 넘어가서 아침을 먹고 서면 태하리에 가는 길, 케이블카는 바람이 불어서 운행을 포기하고, 꼬불꼬불 급경사의 길을 운전하여 지도에 표기도 안 된 태하2리 외딴 마을 김목호(남, 당시 83세) 할아버지 댁에까지 왔다. '주곡증산 우수농가'라는 팻말이 붙여진 할아버지 댁은 예전에는 농사를 잘 지으셨던가 보다. 그러나 토종은 아무것도 없었다.

시장에서 사라진 토종오이 씨앗 수집

다행히 그 옆집에 사는 박연조 할머니(여, 당시 77세)를 만나 여러 가지 씨앗을 얻을 수 있어서 어렵게 찾아간 보람이 있었다. 담배 이파리를 닮았다는 청상추와 아주 오래됐다는 12줄박이 찰강냉이. 그리고 익으면 겉이 노랗게 되고 퍼뜩 크는 토종외(청오이), 시장에 나온 오이를 사다 먹어봐도 이런 맛은 없다고 한다. 또 희고 검은 덩굴콩, 또 털이 없는 엉겁꾸(엉겅퀴)를 얻었다. 점심때가 되어서 서면까지 나와 식사를 하고, 나발등이라는 곳에 들러 열무, 청상추, 호콩을 수집했다.

이 마을 저 마을, 이집 저집 토종을 찾아 헤매다가 결국 할아버지 한 분을 만나서 구암이라는 곳에 오래 전부터 분홍감자를 심는 할머니가 있다는 얘기를 듣고 무작정 할머니를 찾으러 나섰다. 일단 구암이란 곳까지는 쉽게 왔다. 여기부터 어디를 찾아볼 것인지가 문제다. 먼저 분홍감자를 재배하실 정도면 남들과 동떨어져 사시지 않을까 하여 쭉 위로 올라가 거기부터 뒤지며 내려오기로 했다. 조금 가다 보니 두 갈래 길이 나온다.

"그래 결심했어! 오른쪽으로 쭉 올라가요!"

인간 네비게이션의 말에 따라보기로 했다. 그런데 이게 웬일? 차 한 대만 간신히 지날 수 있는 길로 한참을 오르다 보니 길이 깨져서 지날 수가 없다. 길이 좁아 차도 돌릴 수 없고, 끝까지 올라가야 한다. 조심조심 미끄러지지 않게, 깨진 길에 빠지지도 않고 불쑥 튀어나온 콘크리트에도 걸리지 않고 지나야 한다. 하지만 이도 저도 쉽지 않아 그대로 100m도 더 되는 어렵게 올라온 길을 후진으로 내려가기로 했다. 옆으로는 구르면 즉사할 낭떠러지가 버티고 있고, 차 한 대 간신히 지나갈 길로 후진을 해야 한다니……. 이러다 감자도 못 찾고, 감자가 뭐야 목숨 걸고 내려가야 하는 마당에……. 천천히 뒷걸음질을 했다. 다 내려오니 긴 한숨이 나도 모르게 나왔다. 처음부터 다시 시작하기로 했다. 바닷가에 있는 마을에서부터 물어가며 찾기로 방향을 바꿨다. 그런데 이게 웬 일인가? 내려와서 찾아간 첫 집의 할머니가 바로 분홍감자를 가진 할머니셨다. 웃음이 참 익살스러우신 할머니인 감자할머니, 김종수(여, 당시 84세) 할머니가 바로 그분이다.

<국제슬로우푸드 맛의 방주>에 등재된
파근파근한 맛이 나는 분홍색 울릉홍감자

남서2리 구암마을. 거북바위가 있어 자연스레 구암이라 부르는 이 마을에서 한 60년을 사셨다는 김종수 할머니. 씨 안 떨구려고 밭도 없는데 그래도 조금이나마 감자를 심었다고 하신다. 옛날에는 주식으로 먹었다는 이 감자는, 여름이면 쌀을 조금 앉히고 그 위에 감자를 앉혀서 배를 채웠다.

"겉은 이래도 껍데기를 까 밥을 하면 파그럽고 뽀얀 기 맛있어요."

약간 길쭉하고 눈이 조금 깊은 편이고 속은 여느 감자와는 달리 부정형으로 붉다. 쪄 놓으면 파근파근한 편이지만 간식용으로나 반찬을 하여도 맛이 일품이다. 뭍에 있는 사람들도 한 번 먹어보면 다시 찾고 싶지 않을까 싶다. 울릉감자 말고도 진한 자줏빛의 줄콩, 6~8cm 정도 하지만 아주 맵다는 고추, 어릴 때부터 심으셨다는 오이를 얻었다. 이제 몸도 많이 불편하고 땅도 없어 농사는 많이 짓지 못하신다는 말에 마음이 찡하다. 토종 울릉감자는 후에 '울릉홍감자'로 <국제슬로우푸드 맛의 방주>에 등재되었다.

❶ 속이 부정형으로 붉은 울릉홍감자

❷ 김종수 할머니가 움에서 분홍색
　 울릉감자를 꺼내주시는 모습

　　지난밤 술집에서 만나 들었던 5,000평의 농사를 짓는다는
안평전의 김열수 선생댁에서 차 대접을 받고 내려오면서 보
이는 동리의 농가를 들렀지만 역시 읍내 가까운 곳에서는 토
종종자가 귀하였다. 마지막으로 사동2리에 사시는 변봉희
(여, 당시 81세) 할머님댁에서 청상추와 적상추를 찾고 도동
항으로 돌아와 포항항으로 가는 배를 탔다.

　　힘들고 어려운 고비도 많았던 4박5일 간의 울릉도 토종수
집이었기에 그만큼 보람도 컸고 지금도 잊히지 않는다. 울릉
도에서는 우리의 귀한 토종종자 54점을 수집하였다. 함께 고
생했던 수집단 여러분들께도 고마움을 전하고 싶다.

강화 분홍감자와 지석리 강한옥 할머니
—

강화도 토종수집에 나서다

강화도로 토종수집 출장을 떠난 건 1998년 6월 22일부터 26일까지 4박5일이었다. 당시 농촌진흥청 유전자원 과장직을 후배에게 물려주고 책임연구관으로 봉직하고 있을 때였다. 같은 과에서 콩 연구를 담당하였던 윤문섭 연구사를 대동하였다. 농촌진흥청에서 유전자원을 수집하고, 보존과 평가를 해야 하는 임무를 띠고 있는 부서였지만 사실은 지금보다도 훨씬 유전자원에 대한 중요성을 강화할 수 있는 여건이 못되었기에 직원 수가 많지도 않았고 예산도 지금의 1/10도 되지 않는 형편이었다. 지금 같았으면 3~4명이 한 조가 되어 수집 출장을 가야 정상적이라고 보아야 한다. 4박5일 내에 강화도 전반에 걸친 수집을 완료해야 하는 일정은 짧기만 하였다.

강화도는 3개의 큰 섬과 여러 개의 작은 섬들로 이루어져 있는데 그 넓이에 비하여 토종이 많이 분포되어 있었다. 서울에서 가까운 인근 지역이기는 하지만 역사적으로 고려 고종19년 몽고 침입 이후 39년 간 강화도로 천도하였을 때 몽고에 오랫동안 저항하기 위해서 모든 식량과 생활에 필요한 농산물을 섬 내에서 자급하여야 하였기 때문에 작물의 종류나 품종이 많이 필요하였을 것으로 추측된다.

당시 짧은 기간이었지만 197점 수집이라는 큰 수확을 거둘 수 있었다. 수집하였던 여러 가지 토종 중에서도 분홍감자에 대한 생각이 늘 잊히지 않고 가슴 한 구석을 차지하고 있다. 1998년 6월 22일부터 23일 이틀 동안에 강화군의 첫 동리인 강화읍에서 수집을 시작하여 선원면, 불은면, 송해면, 길상면, 화도면, 양도면, 내가면 등 본도에서 토종 104가지를 수집했다. 시골에서 기름을 먹기 위한 작물로 참깨와 들깨는 가장 선호하는 작물로써 그동안 새 품종의 보급이 많지 않았기에 어딜 가나 흔하게 토종을 접할 수 있었다. 그 외에 흔하게 볼 수 있었던 토종들은 두류작물로는 녹두, 팥, 동부, 강낭콩류, 장콩과 나물콩이 많았다. 채소로는 시금치가 꽤 있었고, 드물게는 완두, 갓, 찰옥수수, 파, 순무, 상추, 고수, 호박, 박 등이 있었다. 특용작물로는 강화 화문석의 재료로 쓰이는 왕골이 오래 전부터 재배되어 왔다. 땅콩과 홍화도 드물게 발견되었다.

6월 23일까지 강화 본도 수집을 거의 끝내고 24일에는 교동도, 25일엔 석모도, 그리고 마지막 날엔 볼음도와 주문도를 공략할 계획을 다시 확인하였다. 내가면에 있는 숙소에서 11시 30분에 취침하고 24일 아침 6시 30분에 기상하여 7시 30분에 창후리 선창에서 교동도의 상룡리 선창으로 가는 작은 배를 서둘러 탔다. 승선료는 수집시 타고 다니는 소형 승용차가 12,000원이고 사람은 750원이다. 시간은 15분밖에 걸리지 않는 가까운 거리이다. 언제부터인지 수집 출장을 가면 으레 아침에 기상해서 7시에 팀원들이 모여서 아침식사를 하고, 일과를 시작하면 저녁에는 주먹이 보이지 않을 정도로 어둑해져야 수집을 끝내고 식당으로 향하는 것이 습관처럼 되었다. 점심식사는 12시 이후에 만날 수 있는 식당이면 가리지 않고 들러야 한다. 시골에 마땅한 식당이 원하는 곳에 있기가 쉽지 않기 때문이다. 그래서 오지에 갔을 경우에는 2시 이후에나 간신히 점심을 먹는 게 다반사이다. 메뉴를 시켜 놓고 나서 다음 조사할 예정지에 대한 지도공부를 하고 식사가 끝나면 믹스 커피 한 잔씩을 들고 바로 차를 탄다. 잠시 쉴 틈도 없는 빡빡한 일정이지만 이제는 수집단원 누구 하나 불만 없이 습관처럼 잘 따라주어 한편으로 미안한 마음과 고마움이 교차한다.

참깨·들깨 등 197점 수집

교동면에는 11개 리가 있다. 도로는 십자모양으로 섬의 동서와 남북으로 길게 갈라져 있다. 북한의 연백군 해성면을 배로 20분 정도면 건널 수 있을 정도로 가까운 거리다.

저 멀리 북한 땅의 벌건 민둥산이 보이고 크게 외쳐 부르면 들릴 것만 같다. 오늘 하루에 교동면 조사를 모두 끝내고 석모도로 떠나야 한다. 경비를 서는 군인들에게 양해를 구하고 수집임무를 수행해야만 했다. 교동면은 대홍리의 화개산(259m)을 제외하고 밭보다는 논이 많은 평야지대여서 꽤 다양한 토종을 찾을 수가 있었다. 강낭콩, 순무, 호박, 녹두, 동부, 팥, 들깨, 느리참깨, 옥수수, 수수, 보리, 파랑나물콩, 오가피콩, 밤콩, 메주콩, 완두, 고수, 뿔시금치, 청갓, 호박참외, 땅콩, 청오이를 수집하였다. 교동면 상룡리의 한종순(여, 당시

60여 년 동안 분홍감자를 심어온
강한옥(여, 당시 74세) 할머니

68세) 할머니는 고려 말엽부터 49대째 교동에서 살아왔다고 한다. 오랫동안 재배해 내려온 콩 5종, 녹두, 팥, 참깨, 시금치, 호박 등 10여 점의 토종종자를 분양해 주셨다. 그 중 오가피콩은 검은 밥밑콩으로, 밥을 하면 오가피 향이 나서 오가피콩이라고 붙였다고 한다. 소엽이 5매이며 성숙기가 빨라서 8월 추석에 송편소로 넣어 먹는다고 한다. 양감리의 황순희(여, 당시 68세) 할머니는 순무, 호박참외, 검은 찰옥수수, 둥근호박, 녹두, 육모참깨, 붉은동부 등 많은 토종을 오랫동안 재배해 왔단다.

강화 분홍감자 꽃   감자 모양이 갸름한 강화 분홍감자

   북한 땅이 지척에 보이는 교동면 지석리로 시집와서 평생
을 살았다는 강한옥(여, 당시 74세) 할머니는 자색강낭콩,
연분홍 얼룩강낭콩, 녹색나물콩과 표피가 연한 분홍색인 토
종감자를 시어머니로부터 대물림하여 해마다 심고 있었다
며 우리를 반갑게 맞았다. 대부분의 시골 노인들이 그렇듯
이 강한옥 할머니도 자식들을 모두 서울로 보내고 남편 한기
봉(남, 당시 80세) 할아버지와 두 분만이 농사지으며 살아온
터라 우리가 반가웠나 보다. 강한옥 할머니는 독실한 기독교
신자이기도 하여 교회의 권사직을 맡고 계셨다.

   분홍감자는 껍질색이 연한 분홍색을 띠며 눈이 많고 감자
모양이 갸름하다. 잘 찌면 분이 나서 약간 파삭파삭하고 반
찬을 하면 쫀득해서 논밭일을 할 때 간식으로 그만이란다.
감자를 심으면 줄기가 가늘고, 꽃 색처럼 자색이란다. 소출
이 적어서 그만 심자는 영감의 만류에도 계속 심는 까닭은
16세에 시집와서 시어머님으로부터 물려받은 것이기에 차
마 없앨 수 없었거니와 맛이 좋아서 외지에 나가 사는 아이
들에게 주려고 봄이 돌아오면 으레 텃밭에 분홍감자를 심는

142

단다. 60여 년을 한 해도 거르지 않고 심어온 끈질긴 성정이 우리 민족의 핏속에 흘러서 지금까지도 많은 토종종자를 지켜온 것이 아닐까? 우리는 할머니로부터 감자를 분양해 왔고 대관령에 있는 고랭지 시험장에 보내서 보존토록 하였다.

60여 년 동안 분홍감자를 심어온 강한옥 할머니

2003년 10월, 《토종작물자원도감》 집필을 위한 현지 자료 수집을 위하여 아내와 함께 김포 하성면의 자광벼와 교동면 지석리의 분홍감자를 보존해 온 강한옥 할머니를 5년만에 다시 찾았다. 마치 오래 전부터 가까이 지내온 일가처럼 전에 왔을 때보다 더 우리 내외를 반겨주셨다. 따끈하게 쪄 주신 감자를 맛있게 먹었던 기억이 선하다.

그 후 분홍감자를 찾는 귀농한 몇몇 사람들의 청을 받고 마침 2008년 11월 29일 내가 정년 퇴직 후 농촌진흥청의 후원을 받아 우리나라의 가장 큰 도서인 제주도, 강화도 및 울릉도에서 토종을 수집할 기회가 있어서 세 번째로 지석리의 강한옥 할머니를 찾았었다. 그러나 할머님 댁은 문이 잠겨 있지도 않은 채로 텅 빈 집이었다. 이웃에 수소문을 하여 보아도 아무도 가신 곳을 아는 이가 없었다. 서운함과 궁금함을 뒤로하고 인근의 많은 농가를 들러 분홍감자를 찾았지만 모두 헛수고였다.

어느덧 해가 넘어가고 어둠이 덮여올 즈음 외진 농가 툇마루에 앉아 바구니를 앞에 놓고 무슨 일을 하고 있는 할머니

한 분이 눈에 띄었다. 토종을 수집하러 가면 늘 그렇듯이 할머니를 보면 그리 반가울 수가 없다. 종자는 자고로 여성들, 그 중에서도 60세에서 80세 미만의 할머니들이 대부분 씨를 받고 간수하기 때문이다. 자동적으로 발길이 그 집 쪽으로 갔고 나는 할머니를 보고 다짜고짜 "할머니! 분홍감자 좀 보여주세요!" 했더니 글쎄 "응, 여기 있지." 하시면서 뒤뜰 비닐하우스 속 종이상자에 가득 담겨 있는 분홍감자를 가지고 나오시는 것이 아닌가! 상상도 못했던 일이라서 할머니를 덥석 껴안고 고맙다는 말을 몇 번이고 되뇌었다. 그리고 같이 사진도 찍었다.

분홍감자를 마지막으로 갖고 계시던 지석리의 조옥희(여, 당시 75세) 할머니는 먼저 분홍감자를 갖고 계시던 강한옥 할머니와는 사돈지간이라며 강한옥 할머니가 지금 중풍 치매로 입원중이라는 소식을 전해주신다. 가슴이 철렁하고 눈시울이 젖어옴을 어쩔 수 없었다. 그리고 그 후 5년이 지난 지금 강한옥 할머니는 어떠하신지 또 조옥희 할머니는 어찌 지내시는지 궁금하다. 건강하시길 바라는 마음 간절하다. 이제 저 연세의 할머니들이 세상을 하직하는 날 우리의 토종들도 농촌에서 다시는 찾아볼 수 없을 것이다.

푸른달걀콩이라는 뜻을 지닌
'푸른독세기콩'과 제주도의 토종작물
—

농촌진흥청에서 지원해 준 특별예산으로 강화도와 울릉도에서 수집을 마치고 마지막 목표 지역인 제주도에서 토종수집을 시작한 때는 2008년 12월 19일이었다. 그때부터 24일까지 5박6일 간 제주도 전역에 걸쳐 토종을 조사하고 수집하였다.

중산간 지역에서 토종을 찾다

제주에 도착해 렌트카를 빌려 타고 먼저 대정읍으로 이동하여 대정 여성농민회 분들을 만나기로 했다. 조사에 앞서 제주도의 사정을 미리 파악하고자 해서이다. 늘 보던 풍경이 아니라 어딘가 다른 곳에 온 느낌이다. 여성농민회에서 나온 김정임, 원정순 선생님들과 늦은 점심을 먹으며 제주도의 농업 상황에 대해 간략하게 듣고, 어떻게 조사하는 것이 좋을지 상의했다. 그분들의 말에 따르면, 제주도는 해안으로는 대부분 돈

벌이를 위해 홑짓기(단일 경작)를 한다고 한다. 토종은 아마 아직 중산간에 살고 계신 할머니들에게 있을 것이란다. 대정읍은 주로 감자와 마늘, 조생 양파가 많고, 안덕면은 감자, 서귀포시 중문에서는 지난 여름에 푸른독세기콩을 찾았다고 한다. 남원읍과 효선면, 성산읍은 밀감 과수원이 많고, 구좌읍은 당근과 만생 양파, 조천읍은 감자와 마늘이 많다. 제주시와 애월읍, 한림읍은 양파와 양배추, 마지막으로 한경면. 이러한 식으로 다니는 것이 효율적일 것이라는 조언을 들었다.

제주도는 도 전체가 화산의 분출로 이루어진 섬으로, 돌이 많아 경지가 섬 전체 면적에 비하여 좁고, 대정읍, 한경면, 안덕면, 애월읍 등 토양의 비옥도가 높은 서부 지역을 제외하면 한라산의 동부 지역은 척박한 편이다. 특히 근대에 와서는 고소득 작물로서 제주도의 특산인 밀감 재배면적이 대부분을 차지하고 있어서 노동력의 분산 등 작물의 재배가 제한을 받아왔다. 결과적으로 작물의 종류나 품종의 수가 강화도에 비하여 적을 수밖에 없다.

제주에서는 10작물 49점이 수집되었다. 강화도, 울릉도와 제주도 등 세 개의 큰 섬에서 수집된 전체 식량작물 토종 유전자원의 19.4%가 수집되어 섬의 크기에 비하여 상대적으로 훨씬 적은 수의 자원이 수집되었다. 가장 많이 수집된 토종은 역시 콩으로 19점이었으며 강낭콩과 팥이 각각 5점과 6점이었고 옥수수, 완두 ,동부, 벼 보리, 조 등이 2~4점씩 수집되었다.

146

푸른달걀콩이라는 뜻을 지닌 푸른독세기콩

제주도 서귀포시 안덕면 동광리에서 수집한 푸른독세기콩
은 예전부터 재배해 온 제주도의 토종메주콩이다. '푸른독세
기콩'은 푸른달걀콩을 뜻하는 제주도의 사투리이다. 완전히
여물어도 종피색이 연한 연둣빛이 돌기 때문에 붙여진 이름
이다. 이 콩으로 담근 된장은 맛이 좋아 도시 사람들에게 인
기가 높아서 지금은 기업적으로 된장을 만들어 팔고 있다.
특히 이 콩은 중간 굵기의 콩으로 삶았을 때 다른 콩보다 단
맛이 높고 차진 편이다. 이런 맛 특성에 따라 된장용이나 콩
국수용으로 많이 이용된다. 잎도 은은한 단맛이 돌아 쌈이
나 절임용으로 좋다. 아이소플라빈(Isoflavone ; 여성호르몬
인 에스트로겐과 비슷한 기능을 담당하는 콩단백질) 함량이
다른 콩보다 훨씬 높다고 한다. 이렇게 좋은 특성을 지닌 푸
른독세기콩이기에 2014년에 〈국제슬로우푸드 맛의 방주〉
에 진주의 '앉은뱅이밀', 연산의 '연산오계', 울릉도의 '칡소'
와 '섬말나리', 태안의 '자염', 장흥의 '돈차', 그리고 제주도
의 '제주흑우'와 함께 '푸른콩장'으로 자랑스럽게 등재되기
도 하였다. 이런 여러 가지 장점에도 불구하고 푸른독세기콩
의 재배면적은 점점 줄고 있다. 키가 큰 편으로 쓰러지기 쉽
고, 수확기가 늦어 태풍의 피해를 받기 쉽고, 특히 성숙 후 탈

립이 심하여 재배가 어렵기 때문이다.

　제주도에서 수집한 토종 원예작물은 강화의 반 정도인 15작물 34점이었는데 이는 섬의 면적에 비하여 상당히 적은 수였다. 무와 배추 5점씩, 갓 4점, 고추와 제비콩 각 2점씩, 호박 6점, 부추·상추·아욱·오이·파 각 1점씩이었다. 제주에서 수집한 호박 중에 제주골호박은 특히 골이 깊어서 특이하였으며 물외라고 부르는 오래된 제주도의 토종오이는 꼭지 쪽의 자루가 잘록하며 성숙하면 골이 움푹한 특이한 모양이다.

　특용작물의 경우 제주도에서는 17작물 33점이 수집되었다. 그 중 참깨 6점, 들깨 5점이었고 댑싸리, 피마자, 메밀, 하늘타리 등이 2~3점 정도 수집되었으며 결명자, 꼭두선이 박, 방아풀, 유채, 율무, 인동, 차조기, 피, 해바라기 등이 각각 1점씩 수집되었다. 참깨와 들깨는 식용으로 가장 중요한 유료작물이었기에 많이 재배하고 있었던 것으로 사료된다. 제주도에서 수집된 특용작물 중 키가 2.6m가 넘는 큰 댑싸리는 예전에는 유용한 자원이었다.

❶ '무릉배추'로 명명된 무릉2리 이인옥(여, 당시 70세) 님이 심어온 배추

❷ 서귀포시 대정읍 구억리의 조재희(여, 당시 84세) 할머니가 젊어서부터 심어온 단지무

❸ 서귀포시 대정읍 김기선(여, 당시 75세) 님이 지켜온 개발시리조. 개의 발바닥 모양인 조 이삭의 끝부분

〈댑싸리의 약효〉

댑싸리 씨에는 항진균 작용이 있으며 소변을 잘 나오게 하고 임질, 대하, 방광의 열을 치료하고 원기를 북돋는다. 또한 정(精)을 보익하고 음정(陰精)을 돋우며 허열(虛熱)을 제거한다.

댑싸리 씨 2~5돈을 달이거나 환제로 하여 20~30cc씩 하루 4~5회 복용하며, 외용으로는 달인 물로 환부를 씻는다. 같은 양의 댑싸리 씨와 백반을 섞어 달인 물로 자주 씻으면 사마귀가 떨어진다.

이렇게 수집한 토종종자들은 농촌진흥청 농업과학원에 부설되어 있는 종자은행 국립농업유전자원센터에 조사된 특성과 함께 보내진다. 종자들은 다시 종자가 관련된 연구기관이나 산하의 유전자원 관리기관에서 종자를 증식하고

그 특성을 상세히 조사한 다음 국립유전자원정보센터의 농업유전자원 정보 종합관리체계를 구축하고, 증식된 종자는 -18℃의 장기 보존시설에 영구히 보존하는 한편 4℃의 단기보존 저장고에 보존한다. 보존되어 있는 종자와 특성 정보는 농촌진흥청 산하연구기관의 연구원, 대학 교수, 종자회사 연구원 또는 유전자원을 필요로 하는 학자들에게 분양되어 활용된다.

보존되어 있는 토종은 수량성이 높고 품질이 우수하며 병충해에도 강한 새로운 품종을 육성하거나 식물의 생리를 연구하고 유전을 연구하며 새로운 생리 활성물질을 찾아내는 외에도 수많은 연구 분야에 기본 자료로 쓰인다.

산업화 및 환경 변화로 인해 생물다양성이 급격히 감소함에 따라 생물 유전자원의 중요성은 점점 커지고 있다. 특히 식량과 의약품 및 생명공학 산업의 기본 재료가 되는 농업 유전자원에 대해서는 그 지식재산권과 이익의 분배에 대해 세계식량농업기구(FAO, Food and Agriculture Organization of the United Nations)를 비롯한 국제기구와 자원보유국과 자원도입국 등 이해당사자 간에 치열한 경쟁이 벌어지고 있는 현실이다. 영원히 우리와 함께 해야 할 우리의 귀중한 토종을 오랜 동안 잘 간직하여 주신 많은 농민들께 늘 감사드리는 마음이다.

휴전선이 가까운
포천 관인면 냉정마을에서 찾은
토종씨앗들

—

　경기 포천의 가장 북쪽인 관인면 중에서 토종종자가 그래도 많이 남아 있을 것으로 기대하고 냉정마을을 찾아들어간 것은 2015년 6월 30일 아침 나절이었다. 냉정(冷井)마을로 불리게 된 것은 전부터 마을에 찬물이 나는 우물이 있었기 때문이라고 한다. 냉정마을은 산이 유난히 많은 포천에서도 논이 많은 편이어서 평야지대에 속한다.

　동리 어귀에 들어서자 동리의 가운데쯤 되는 곳의 오래된 집 앞 텃밭에서 김을 매고 있는 할머니 한 분을 발견하였다. 토종수집단은 오랜만에 집 밖에서 돌아온 손자가 할머니를 본 듯이 반가워서 할머니를 부르며 뛰다시피 할머니에게로 다가갔다. 할머니도 오랜만에 사람이 찾아왔다는 반가움에 수집단을 맞아주는 것 같았다.

　"할머니! 씨를 사거나 바꿔 심지 않고 전부터 해마다 받아서 심는 거 있으세요?"라며 다짜고짜 묻는 말에 "뭐 하러 다니는 사람들이유?"라며 되묻는다.

"할머니! 저희들은 옛날부터 심어오는 토종종자를 찾아다니는 사람들인데요. 면이나 지도소에서 바꾸지 않고 오래 전부터 심어오고 있는 종자가 있으시면 좀 보여주세요. 콩이나, 팥 같은 거요. 시집와서부터 심으시던 것 있나요?" 하고 물었다. 그러자 할머니는 김을 매던 밭에 심겨진 팥을 가리키면서 "이 팥이 전부터 심어온 거지." 하신다. "무슨 팥인데요?"라고 되물으니, "봄팥"이라고 하신다. 뿌리고 남은 팥을 보여달라 하니 집 안으로 우리를 안내하신다. 대문 안에 만들어 놓은 평상에는 남편이신 이삼성(남, 당시 78세) 할아버지가 앉아 쉬고 계신다. 할머니는 광 쪽으로 우리를 데려가셔서는 작은 자루에 담아 항아리 속에 넣어두었던 씨앗들을 하나씩 꺼내놓으신다. 봄팥, 그루팥, 유월두, 늦서리태, 냉정 적상추가 나왔다.

"할머니! 저희들이 이 씨앗들의 내력하고 가지고 계시던 분이 어디에 사시는 누구신지를 기록해 놓아야 되어서요. 할머니 성함이 뭐예요?"

옆에 계시던 할아버지가 대신 대답을 해주셨다. 최갑순(여, 당시 72세) 할머니는 22세에 12대를 이곳에서 살아온 이씨댁으로 시집을 오셨단다. 씨에 대한 내력은 더 잘 알고 계신 할머니가 대답해 주셨다. 지금 꺼내 놓은 씨앗들은 할머니가 22세에 시집와서 보니 시모님께서 심어오셨단다. 지금은 시모님은 이미 작고하시고 할머니가 물려받아서 심어오고 계신단다.

4월에 파종해 9~10월에 수확하는 봄팥

봄팥은 4월 하순 입하 전쯤에 파종하면 9월 말에서 10월 초순경에 수확이 가능하다. 일찍 심어서 일찍 수확하므로 봄팥이라고 한단다. 보통 붉은 팥보다는 조금 더 진한 검붉은색으로 팥이 잘다.

일반적인 붉은 팥보다 조금 더 진한 검붉은색인 봄팥

그루팥은 보리를 베고 난 다음인 하지 경에 보리를 수확하고 나서 심으면 10월 초·중순에 수확을 하게 되므로 그루팥이라고 한단다. 할머니가 오랫동안 심어온 그루팥은 봄팥과 그 크기나 모양은 비슷한데 색깔은 봄팥보다 훨씬 밝은 붉은 빛이어서 쉽게 구별이 된다. 봄팥이나 그루팥은 시루팥떡을 하는 데 필수적이다. 맛은 잿팥보다 다소 떨어지는 편이지만 시장에 나가면 붉은 팥이 단연 값을 잘 쳐주고 인기가 더 좋단다. 할머니와는 너무나도 친하고 정이 들어서 자식과도 같은 정을 느끼는 팥이다.

봄팥보다 색이 밝고 시루팥떡에 필수인 그루팥

할머니가 오래 심어온 유월두는 5월 초순인 입하 때 파종하여 음력 유월 중·하순인 7월 하순경에 수확이 가능한 조숙성인 품종이어서 유월두라고 한다. 본래 유월두는 검은색과 황백색의 두 가지가 있다. 할머니가 심어온 유월두는 검은 빛이고 알이 큰 편이며 단타원형으로 다소 납작한 편이다. 1900년대 중반에만 해도 유월두는 지두(枝豆)라고 하여 아직 콩이 성숙하기 전에 콩 포기 전체를 베어 내서 잎을 모두 따 버리고 다듬어서 몇 가지씩 짚으로 묶어서 팔면 인기가 많았다. 지두는 까서 밥에 넣기도 하고 반찬을 만들기도 하였으며 꼬투리째 따서 삶아서 접시에 올려놓으면 맥주 안주로도 그만이었다. 8월에 송편소로 이용하기도 하였다.

검은 빛에 알이 큰 편이며
단타원형으로 다소 납작한 유월두

냉정적상추는 잎이 길고 넓으며 주름이 있다. 키워가면서 잎을 젖혀 먹는 치마상추다. 꽃이 피는 시기가 다소 늦은 편이며 잎이 부드럽고 맛이 좋아서 줄곧 이 상추만

냉정적상추는 잎이 길고 넓으며
주름이 있는 치마상추인데,
잎이 부드럽고 맛이 좋다.

154

을 심어왔다고 하신다. 외지로 나가 사는 자식들이 손자·손녀와 함께 집에 올 때면 돼지고기 삼겹살을 구워서 초고추장에 상추쌈을 먹으며 즐거운 잔치판을 이룬단다.

달고 잘 물러서 밥을 지으면 일품인 서리태

늦서리태는 워낙 숙기가 늦어서 서리가 내릴 때에 완숙도 채 되기 전에 수확을 하는 것이 보통이다. 또 콩의 표면에는 백분이 많아서 서리 같다고 하여 서리태라고 부르게 되었다. 당의 함량이 높아서 밥을 하면 달고 맛이 좋으며 잘 무른다. 할머니가 심어온 서리태는 언젠가 서리태와 선비잡이콩 사이에 모르는 새에 교잡이 일어나서 잡종이 된 상태이다.

표면에 백분이 많은 서리태

이러한 현상은 토종이 그 지역 환경에 적응되어가면서 그 지역의 토종이 되어갈 수 있는 하나의 기회이며 과정이다. 작물이 오랫동안 한 지역에서 재배되면 그 지역에만 있는 고유의 환경, 예를 들면 기온·최고 온도·최저 온도·강수량·일장·무상기간·각종 병충해 등 수많은 요인에 적응할 수 있는 종자는 살아남을 수 있지만 적응하지 못하는 종자는 살아남지 못한다. 때문에 그 지역의 환경에 잘 적응하는 종자만이 그 지역의 토종이 되어가는 것이다. 그러므로 우발적으로 생긴 선비잡이콩과 서리태 간의 교잡종으로부터 생겨난 종자로부터 나온 잡종 중에서 포천의 환경에서 잘 견딜 수 있도록 지금의 할머니 댁에서 살아남은 그 서리태도 토종이 되어가고 있다고 볼 수 있는 것이다.

토종이 되어가고 있는 현장을 볼 수 있었기에 수집단원들도 살아있는 공부를 할 수 있어 보람을 느꼈다. 가지고 계신 토종종자들을 조금씩 분양받았다. 오랫동안 토종들을 잘 보존하여 오신 할머님께 고맙다는 뜻으로 "토종종자를 분양해 주셔서 감사합니다. 경기도 토종종자 육성 사업·씨드림 토종수집단"이라고 쓰여진 수건을 답례로 드리고 돌아서는 발길이 가볍지만은 않았다.

할머니가 돌아가시는 날, 저 토종을 심어갈 수 있는 후손이 아무도 없으니 저 토종종자들이 이제 앞으로 길게는 몇십 년 동안밖에 이곳에 살아 있을 수 없을 것을 생각하면 씁쓸한 마음을 어쩔 수 없어서인가 보다. 그나마 다행인 것은 우리가 수집해 가는 이 종자들은 농촌진흥청 농업과학기술원의 국립농업유전자원센터에 영원히 살아남아서 많은 연구자들의 연구자료로 활용될 수 있을 것이며, 한편 「씨드림」에서는 증식을 하여 토종을 사랑하는 귀농자나, 도시농업을 하는 사람들과 일부 농민들의 품으로 돌아가서 살아남을 기회가 주어질 것이기 때문이다.

토종의 보고, 은재말 허기순 할머니댁

—

　토종을 찾아서 포천에 가보기로 한 것은 휴전선이 머지않은 경기도의 북쪽이기에 아직도 보지 못했던 토종이 남아 있을까 하는 기대가 있었기 때문이었다.

　그러나 수집단원들은 기대 밖으로 토종이 모두 사라진 것에 놀라워하였다. 포천은 시로 승격되면서 농업보다는 급격한 문화관광 도시로 발전했기 때문에 서울에서 가까운 인근 도시로서 지친 수도권 시민들의 휴식처로 주말 별장이 많고, 유동인구가 많아서 친환경 유기농산물의 생산과 소비가 많아 토종작물이 적었다.

　농산물의 생산면적 중 식량작물이나 특용작물의 재배는 많이 줄어든 반면에 사과, 블루베리, 블랙베리 등 과일의 생산이 늘었다. 특히 엽채류의 재배면적은 300%, 근채류는 79%나 증가하여 토종작물이 서 있을 자리가 없어 보였다.

토종작물로 아직도 이곳에 남아 있는 것은 대추밤콩, 아주
까리콩, 서리태 등 밥에 두어 먹는 밥밑콩류, 덜 여문 콩꼬투
리를 까서 밥에 넣어 먹는 다양한 강낭콩류, 반찬을 만들 때
필수적으로 들어가는 고소한 맛의 참깨, 들깨류, 토종파, 이
따금은 아삭하고 달착지근한 맛을 가진 여름 생채로 제일인
토종오이, 수수팥떡이나 시루떡 고물로 쓰는 붉은 팥, 잿팥,
부침개로는 제일인 녹두, 수수, 한여름 땀을 식히며 고추장
을 떠 넣고 싸먹는 상추, 부추와 같은 것들로, 보통 시집와서
시어머님으로부터 물려받은 것이 대부분이다.

1차 포천수집 2박3일 중 마지막 날, 포천에서도 위쪽으
로 가장 가운데에 자리잡은 영중면에서 수집을 시작하였다.
32~33℃를 오르내리는 폭염 속에서 수집단이 무척 지쳐 있
을 즈음, 땡볕 속에서도 머리에 수건을 쓰고 텃밭에서 밭을
매는 할머니를 발견하고 수집단은 힘을 낼 수 있었다. 가가
호호 농가를 방문하면서 가장 반가운 때는 60~70세가 넘으
신 할머니를 만날 때다. 시골에서 농사를 지으면서 종자를
챙기는 것은 대부분이 여성 농민, 특히 할머니들의 몫이기
때문이다. 언제, 어떤 종자를 받아서 어디에 두었는지를 할
머니들이 잘 알고 있기에 남자들은 거의 있으나마나 한 경우
가 대부분이다. 대신 남성들은 기계를 다루거나, 밭을 갈고
힘이 드는 일과 밖의 일을 주로 챙긴다.

할머니께 이곳에 온 연유를 말하고 오래 전부터 심어오던

종자가 있는지 물었다.

"할머니! 저희들은 수원에서 왔는데요. 면이나 지도소에서 바꾸지 않고 오래 전부터 심어오고 있는 종자가 있으시면 좀 보여주세요. 콩이나, 팥 같은 거 시집와서부터 심으시던 거요!" 하고 물으니, "올콩은 있는데." 하신다. 얼른 할머니를 댁으로 모시고 들어가려는데 마당 끝에 가슴높이의 댑싸리가 드문드문 서 있는 게 눈에 들어왔다. 눈에 보이는 쉽게 생각나는 것부터 물어야 연속적으로 다른 종자들이 생각날 수 있기 때문에 우선 보이는 것부터 물었다.

"할머니! 저 댑싸리는 언제부터 심으시던 건가요?"

"오래 전부터 씨를 뿌리지 않아도 제자리에 저절로 나요. 빗자루로는 제일이에요." 하면서 댑싸리로 매서 쓰는 빗자루를 보여준다. 참 잘 쓸린다. 그리고는 지난해 쓰려고 매달아 두었던 마른 댑싸리를 꺼내서 씨를 털어서 키로 까불어 주신다. 이렇게 고마울 수가 없다. 그리고는 텃밭에 나서 노랗게 꽃이 피어 있는 청갓을 보여주신다. 씨앗이 안에 있고 시집와서부터 55년을 심으신 거란다. 또 그 옆에 씨가 누렇게 익어가는 아욱을 가리킨다. 아욱도 청갓과 함께 22세에 시집와서부터 계속 심어왔단다. 조선아욱이라고 부른단다. 잎이 작고, 키는 100cm 정도이다. 미끈거림이 다소 적은 편이며, 아욱된장국을 끓여 놓으면 식구들에게 다른 반찬이 필요 없단다. 이제 집 안으로 할머니를 떼밀다시피 모시고 들어가면서 "말씀하셨던 올콩 좀 보여주세요."라고 독촉을 하니 광 문

을 열고 들어가셔서는 여기저기에서 지난해에
받아두셨던 종자들을 죄다 꺼내 오신다. 그런데
신기한 건 갖고 계신 종자가 벼와 메주콩 한 가
지 빼고는 모두 시집와서 대물림하였거나 50여
년 이상 오랫동안 재배하여 온 토종종자란다.

할머님의 성함은 허기순(여, 당시 77세) 님,
마침 집에 계셨던 할아버지는 최성만(남, 당시
81세) 님이시다. 고조부 때부터 이곳에 터를 잡
고 살아오면서 슬하에 4남매를 둔 다복하신 두

자신의 토종종자들을 꺼내와
보여주시는 허기순 할머니

분은 자손을 모두 출가시켜 내보내고 두 분만 여기 남아 사
신단다. 역시 역사와 전통이 있는 집안에 토종종자가 대물림
하여 내려온 것이다.

허기순 할머니가 시어머님으로부터 물려받아 보존해 온 각종 토종종자

꺼내오신 올콩은 검은 빛으로 속은 파랗고, 종피(종자의 껍질)에는 백분체가 많으며, 둥글고 크다. 5월 20일경 다소 일찍 파종하면 10월 초순에 수확한단다. 주로 논둑에 심어온 올서리태다. 밥에 넣으면 잘 무르고 단맛이 난다. 밥밑콩 종류로 피마자콩이 있다. 피마자 종자의 문양을 가져서 피마주콩 혹은 아주까리밤콩이라고 부르는 밥밑콩은 조금 **빠른** 편으로 5월 중순이면 파종한다. 까만 빛의 아주 작은 크기의 쥐눈이콩은 속이 희고 동근 모양으로 쥐눈이콩의 원종이다. 콩대 하나에 다닥다닥 열린다. 콩나물을 길러 먹거나 약용으로도 쓰인다. 약콩은 검은 빛으로 속이 파랗고 쥐눈이콩보다는 약간 크다. 굵은 콩은 황백색으로 5월 하순에 파종한다. 낱알이 크며 메주를 쑤거나, 두부를 만들면 다른 콩보다 맛있고 좋아서 굵은 콩만을 고집해서 심어왔다고 하신다.

팥의 종류도 세 가지를 심어오셨다. 물팥은 연한 녹색으로 알이 크고 늦으며 오래 전부터 심어왔다. 주로 떡을 할 때 고물로 이용한다. 골팥은 붉은색으로 늦다. 알이 굵고, 종피에 백분체가 있는 것이 특징이다. 재팥은 회색 바탕에 검은 점무늬가 있어 진한 회색으로 보인다. 맛으로 치면 재팥이 제일 맛이 좋지만 시장에서 인기가 있어 값을 더 받는 것은 붉은 빛 골팥이다. 재팥은 맛이 좋아서 집에서 먹을 것은 꼭 재팥으로 심는단다. 재팥은 알이 크고 일찍 심으며 다른 작물이 빠져서 빈 곳이나 논둑, 밭둑 등에 사이사이 심으므로 '부룩배기'라고도 부른단다.

녹두는 시집와서부터 심어왔다는데 알이 굵다. 강낭콩은 감자밭이나 밭에 노가리로 심는 키가 작은 강낭콩과 덩굴성이어서 울타리 등에 심어 올리는 울강낭콩이 있다. 키가 작은 강낭콩이 키가 큰 강낭콩으로부터 돌연변이에 의하여 생겼다. 할머니는 울타리강낭콩 2종류와 키 작은 강낭콩 1가지의 3종류를 갖고 있었다. 울콩 하나는 살구색 바탕에 검은 줄무늬가 있는 모양으로 10여 년 전 동리에서 얻어 심기 시작하였고, 또 하나는 자주색 바탕에 흰 점 무늬가 있는 것으로 일찍 심는단다.

동부로는 어금니모양의 어금니동부가 있다. 고투리가 마르기 전에 밭에 나가 몇 고투리를 따다 밥에 넣어 먹으면 별미란다. 땅콩은 30년 정도 심어왔으며, 조선파는 평생 심었는데 내한성이 강하고, 진한 향이 있어 좋단다. 흰찰옥수수는 길이가 15cm 정도로 12줄 옥수수이다. 차지고 껍질이 얇다. 20여 년 전 철원의 친구 집에서 가져왔다고 하신다.

이렇게 허기순 할머님 댁에서 토종을 무려 19가지나 찾을 수 있었다. 우리 토종이 좋아서 신품종과도 바꾸지 않고 그렇게 여러 가지를 평생 심어오신 내외분에게 몇 번이고 고마움을 표하면서 준비하여간 '국립유전자원센터·씨드림 토종 수집단'이라고 쓰여진 수건을 기념품으로 드리고 돌아서기엔 많은 아쉬움이 남았다.

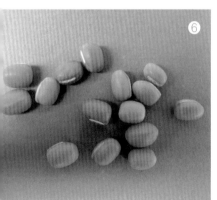

❶ 허기순 할머님 댁의 아주까리밤콩

❷ 허기순 할머님이 심어온
　속이 노란 쥐눈이콩

❸ 허기순 할머님 댁의 어금니동부

❹ 허기순 할머님 댁의 굵은콩

❺ 허기순 할머님 댁의 약콩

❻ 허기순 할머님 댁의 물팥

❼ 허기순 할머님 댁의 올서리태

163

김치 맛이 일품인 우리 토종
'구억배추'
—

 2008년 11월, 농촌진흥청 시험국으로부터 특별예산이 편성되었으니 우리나라에서 가장 큰 섬인 제주도, 강화도와 평소에는 가기 힘든 울릉도 일원의 토종종자를 수집하라는 연락이 왔다.

 농촌진흥청에서 반평생을 나와 함께 맥류 연구에 몸담았던 박문웅 박사와 「씨드림」의 운영위원인 안철환 씨, 그리고 김석기 군과 전국여성농민총연합의 한영미 씨와 황경산 님을 수집단으로 꾸려서 6명이 11월 28일부터 12월 31일까지 한 달 여의 여정을 떠났다. 강행군이었지만 잊혀져가는 토종을 수집하였기에 잊지 못할 보람과 즐거움이 있었다. 11월 28일부터 12월 17일까지 강화도와 울릉도의 수집을 끝내고 마지막으로 제주도에서 수집을 시작하였다. 제주도에서의 일정은 12월 19일부터 31일까지 5박6일씩으로, 두 차례에 걸쳐 제주도 전역 25개 읍 및 동의 농가를 찾아 토종을 수집하였다.

제주도는 도 전체가 화산의 분출로 이루어진 섬으로 돌이 많아 경지가 섬 전체 면적에 비하여 좁고, 대정읍 한경면·안덕면·애월읍 등 토양 비옥도가 높은 서부 지역을 제외하면 한라산의 동부 지역은 척박한 편으로 작물의 재배에 부적합하다. 특히 근대에 와서는 고소득 작물로서 제주도 특산인 밀감 재배면적이 대부분을 차지하고 있어서 노동력의 분산 등 작물의 재배에 제한을 받으므로 상대적으로 타 지역에 비하여 토종이 적었다. 제주도에서는 식량작물이 10작물 49점, 원예작물이 15작물 34점, 특용작물이 17작물 33점 등 총 42작물 116점이 수집되었다.

제주도에서 수집을 시작한 두 번째 주 둘째 날인 12월 27일은 구름 한 점 없는 쾌청하고 바람도 없는 날이었지만 조금 추웠던 날로 기억한다. 서귀포시 대정읍 구억리에서 길옆 낮은 돌담 너머로 우녕(제주방언으로 텃밭을 말함)에 아직 수확을 하지 않은 배추와 무가 눈에 띄었다. 빼꼼이 열린 대문 사이로 안에 누가 계신지를 소리쳐 불러도 대답이 없다. 문을 열고 들어서서 안쪽을 보니 마당 한 켠에 밑이 둥근 무가 놓여 있고 할머님이 앉은 자세로 무엇인가를 키로 까부시느라 듣지를 못하셨나 보다.

"할머니 안녕하세요. 무얼 하세요? 혹시 전부터 심어오신 토종씨앗 있으세요? 저희들은 수원에 있는 농촌진흥청에서 옛날 토종종자를 찾으러 왔어요."

들은 체도 않고 계속 일만 하신다. 아마 못 들으셨나보다. 다시 큰 소리로 여쭈었다. 그제야 할머니가 머리를 들어 우리를 보면서 이게 뭐하는 놈들인가 하고 신경 안 쓰시는 척하며 유심히 보시는 게 느껴졌다. 그러면서 본인이 하실 일을 차분히 하시는데, 우린 아주 안중에도 없는 듯 행동하신다. 귀찮게 들러붙어서 이것저것 여쭈었다. 자꾸 귀찮게 물으니 사람 말을 안 믿는다며 벌컥 화를 내신다.

"육지 사람들은 이상한 사람들이여!" 하면서 이상하다는 눈초리로 대답하신다. 다시 우리가 토종종자를 찾아다닌다면서 할머니가 지금 키질하고 계신 게 옛날부터 심으시던 참깨 아니냐고 물으니 70여 년은 심었다면서 말문이 열렸다.

"할머니 저 무가 무슨 무예요?"

"단지무지."

"언제부터 심으셨어요?"

"젊어서 농사지으면서부터 심었지."

"할머니, 뒤 우녕에 심으신 배추는 언제부터 심으셨어요?"

"그것도 18살 시집와서부터 심었지……. 70년은 됐지."

"그런데 요즈음 더 잘 되는 배추도 많은데 왜 저 배추를 심으시나요?"

"요새 배추는 심심해서 맛이 없어."

조재희(여, 당시 84세) 할머니가 독특한 맛 때문에 평생 재배해 왔다는 토종배추를 수집하여 정말 기분 좋은 하루가 되었다. 그리고 그 배추 이름을 구억리에서 심어왔다 하여 '구억배추'로 지었다. 그 후 구억배추는 많은 씨드림 회원들에게 분양되어 전국으로 퍼져 나갔다. 한편으로는 그 중에서 좋은 특성을 갖는 개체를 선발중인데 화성의 한 토종 농가에서는 5만 포기나 심으려고 모종을 준비했단다. 요즈음은 씨를 생산하여 시판하는 종자상회도 있다고 하니 그 인기를 알 만하다.

84세의 조재희 할머니가
독특한 맛 때문에 평생 재배하여 왔다는,
김치 맛이 일품인 '구억배추'

대정읍 구억리 구억배추 종자를 나눠주신
조재희(여, 당시 84세) 할머니

구억배추는 토종배추로는 드문 결구 배추로 내엽색이 연한 황백색이며 은은한 갓 맛이 들어 있어서 김치 맛이 매우 좋다. 잎은 녹색으로 중륵(잎의 흰줄기)이 넓고 얇지 않으며 다소 오목하다. 엽수는 많지 않고, 김치를 담으면 육질이 오래 두어도 씹히는 느낌이 시중의 품종들보다 아삭하며, 잘 변하지 않는 맛이 일품이다. 긴 타원 모양의 원통형 배추로서 중간 정도의 크기이며 각종 병에 비교적 강하다.

구억배추

　1년 중, 8월 초순은 월동을 위한 늦가을 김장용 배추와 무씨를 파종하는 시기이다. 식량이 부족했던 몇십 년 전만 해도 김장은 겨울의 식량을 보탬하기 위한 가장 중요하고 큰 행사 중의 하나였다. 경제가 발전함에 따라 식량 걱정이 사라진 지금은 집에서 김장을 몇백 포기씩 담가서 큰 김치독에 넣어 김치 광에 저장하여 두고 겨우내 꺼내먹는 집을 거의 볼 수가 없다. 늦가을이 되면 그저 예로부터 해오던 전래성이나 과거의 향수로 20~30포기의 배추김치를 담가서 김치 냉장고에 넣어두고 겨우내 먹거나 김치 판매 전문업체의 김치를 며칠에 한 번씩 사다가 냉장고에 넣고 먹는 것이 보통 가정의 생활방식이 된 지금, 지난 날 김장때면 먹을 수 있던 배추꼬리 된장국의 그 구수한 맛을 잊은 지 오래다.

　배추의 원산지는 중국 북부지방이지만 그 기원은 지중해 연안이다. 북동부 터키의 고원이나 유럽의 보리밭 등지에서는 잡초성의 유채류(B.campestris)로 자란다. 지중해, 중앙아시아 지역을 거쳐서 2,000년 이전에 중국에 전파되었다. 그 후 7세기경 중국 북부지방에서 재배되고 있던 순무와 중국 남부지방에서 재배되고 있던 숭(菘, 청경채 또는 소백채-B. rapa ssp.chinensis)이 자연 교잡되어 배추의 원시형이 나타났고 그 후 이 원시형으로부터 재배와 선발 육성에 의해 16세기에 반결구 배추, 18세기에 결구 배추가 탄생되었다.

168

우리나라에서는 13세기 중반에 배추의 원시형이 처음 중국으로부터 들어와서 배추와 관련된 문자인 '숭'이 처음으로 등장하였다. 조선조의 중종(1533) 때와 선조 때에도 숭채 종자가 중국으로부터 수입되었다.

배추는 음식의 소화를 돕고, 위·소장·대장을 잘 통하게 하며 배추에는 부드러운 섬유질이 들어 있어 배추를 많이 먹으면 배변을 쉽게 하여 변비 치료에 효과적이고, 결장암에 대한 항암작용을 나타내는 것으로 알려져 있다. 그리고 베타카로틴 성분이 있어서 암세포 증식을 억제한다. 또 배추 생즙은 정신을 맑게 하고, 술을 마시고 난 후의 갈증을 푸는 데도 좋다.

배추에 들어 있는 철분은 빈혈을 예방하는 효과가 있으며, 엽산은 산모의 양수막을 튼튼히 하고 태아를 보호하는 등 산모의 건강을 돕는다. 풍부한 칼슘 성분은 골다공증을 예방하는 효과가 있으며 산성을 중화시키는 능력을 가지고 있기 때문에 건강 장수를 돕는 성분으로 알려져 있다. 또 배추 속에 들어 있는 비타민 A는 시력 등 눈의 기능을 증진하고 비타민 C는 항산화 작용 및 면역력을 증진시켜 감기의 예방에도 효과적이다. 비타민은 특히 녹엽부에 많으므로 푸른 잎을 가능한 한 제거하지 말아야 한다. 몸이 차고 소화기관이 약한 사람이 많이 먹으면 배가 차가워질 수도 있는데 이런 때에는 생강으로 치료해야 한다. 김치를 만들 때 생강, 마늘, 고추, 파 등 매운맛이 나는 양념을 첨가하는 것이 배추의 이 같은

차가운 성질을 없애고 부작용을 줄이는 적절한 방법이었으며 김치의 맛을 내는 좋은 방법이었다. 2003년에 동남아, 중국을 중심으로 크게 발생했던 중증급성호흡기증후군(SARS)이 한국에서만은 확산되지 않았던 원인이 한국인들이 마늘이 들어간 김치를 많이 먹고 있기 때문이라는 소문 때문에 중국에서는 김치를 만들지 못해서 못 판다고 하며 많은 학자들도 김치에 대한 연구를 하고 있다고도 한다.

우리나라의 토종배추에는 개성배추와 서울배추가 대표적이다. 서울배추는 조선왕실의 어채로 재배되어 왔으며 결구하지 않고 통이 길다. 초세가 강하고 어느 때나 파종이 가능하여 서울 근교의 얼갈이 배추로 명성이 있었다. 그 외에 의성배추 등 불결구 배추와 반결구 배추로 지방에서 재배해 오던 월동초, 하루나, 얼갈이배추, 좀배추, 뿌리배추, 삼동추, 봄배추, 겨울초와

김장용으로 널리 재배하였는데 잎 가장자리는 굴곡이 심하고 종자는 형질이 우수해서 일본으로 수출되기도 하였다는 개성배추. 반결구 배추로 잎 수가 서울배추보다 적고 최대 엽은 더 크며 내엽의 분화가 미약하다. 엽중의 중심이 제10엽 전후에 편중되어 있다.

개성배추는 뿌리가 굵고 크다.

결구 배추인 구억배추(갓맛배추) 등의 지방 재래종들이 있다. 1900년 초부터 일본과 중국으로부터 반결구 및 결구성 고정 품종인 청방, 경도3호, 지부, 포두련과 반결구인 직예, 화심, 소동 등이 도입되었다. 1950년대 초에는 우장춘 박사를 중심으로 무·배추종자의 육종이 시작되었다. 현재는 세계에서 배추 신품종 육종 수출의 선봉적인 역할을 하고 있다.

서울배추는 반결구 배추이며 잎 수는 적으나 엽중의 중심이 제20엽 전후이다. 초기 발육은 왕성하나 내엽의 발육은 미미하다.

의성배추는 거의 결구가 되지 않으며 '조선배추'라고도 하고 뿌리가 커서 '뿌리배추'라고도 한다. 의성읍 중리 한골마을에서 오래 재배되었다고 하여 '한골채'라고도 부른다. 잎 수가 적고 속잎의 발생이 늦다. 키가 커서 40~50㎝ 정도 자란다.

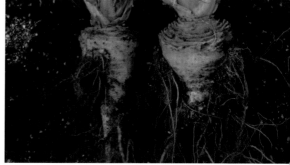

의성배추의 뿌리는 '배추꼬랭이'라고도 하며 겨울철 된장을 엷게 풀어 넣고 국을 끓이면 고소하면서 구수한 특유의 맛이 입맛을 돋운다. 배추꼬리는 생으로 깎아 먹어도 매우면서도 달콤하고 고소한 맛이 일품이다. 요즈음 이따금 맥주집에서 안주로 나오는 것은 거의 대부분이 배추꼬리가 아니고 순무꼬리이다.

좀배추 : 경남 산청지방에서 재배하여 왔던
배추로 잎이 작고 동그란 모양이다.

고창수집종 : 고창지방에서 수집된
토종배추이다. 배추의 줄기는
다소 넓고 반결구성이다.

조선배추 : 경북 의성, 예천군 하리면 등
에서 재배해 왔으며 잎에는 결각이 심하
고 계속하여 한 집에서 채종하여 심었기
때문에 퇴화한 모양이다.

울산배추 : 울산지방에서 수집한 토종
배추이다. 줄기가 가늘고 불결구성이다.

의령수집종 : 잎의 밑부분에 파상결각이
있으며 엽수가 적고 결구가 되지 않는다.

고갱이가 차 들어가고 있는
갓맛배추(구억배추) 밭

갓맛배추는 2008년 씨드림 토종수집단이 제주도에서 당시 84세의 할머니가 그 맛에 반하여 평생 재배하여 왔다는 토종배추를 수집하여 그 중에서 좋은 특성을 갖는 개체를 선발중인 품종이다. 토종배추로는 드문 결구 배추로 긴 타원 모양의 원통형 배추로서 중간 정도의 크기이며 각종 병에 비교적 강하다. 내엽색이 연한 황백색이며 은은한 갓 맛이 들어 있는 것이 특징이며 김치 맛이 매우 좋다. 잎은 녹색으로 중륵(잎의 흰줄기)이 넓고 얇지 않으며 다소 오목하다. 엽수는 많지 않고, 육질이 김치를 담으면 오래 두어도 씹히는 느낌이 시중의 품종들보다 아삭하며, 잘 변하지 않는 맛이 일품이다. '맛의 방주'에 등재된 바 있는 "예산의 삭힌김치"의 재료로 특히 적당하며, 없어서는 안 될 중요한 주재료이다.

❶ 갓맛배추 선발 : 왼쪽부터 이른 결구형,
장미꽃잎형, 중간 결구형, 늦은 결구형

❷ 속이 차오르는 갓맛배추

❸ 생육중인 갓맛배추

배추를 오랫동안 저장하려면?

배추의 저장 조건은 0~3℃의 저온과 상대습도 95%가 좋다. 비용이 적게 드는 김장용 배추의 간이 저장 방법은 다음과 같다.

1. 노지에서 월동 : 남부 해안 도서 지방에서는 배추를 신문지로 덮어 씌운 상태로 월동시켜서 2월 10일경 추대가 형성되기 전에 수확하여 저온저장한다.

2. 노지이랑식 : 80% 정도 결구된 배추를 좀 일찍이 수확하여 노지에 두고서 비닐이나 짚으로 가려서 얼지 않게 한다.

3. 움 저장 : 넓이 1m, 깊이 30~40cm로 길게 구덩이를 파고 겉잎을 제거한 배추를 뿌리째 캐서 심고 그 위에 간단한 지붕을 만들어서 보온과 방수를 해 주는데 남부지방에서는 2~3월까지 저장이 가능하다.

4. 밀봉 저장 : 배추를 0.05mm PE 필름으로 밀봉하여 저장하면 저장성이 가장 좋아 3월까지 안전 저장이 가능하다.

5. 가정에서 소량 저장 : 겉잎을 제거하고 2~3일 풍건시킨 배추를 신문지에 싸서 지하실이나 베란다 등 얼지 않을 정도의 저온 암소에 세워두면 상당 기간동안 저장되며, PE 필름으로 포장하여 0~10℃ 정도의 냉장고에 두면 오랫동안 저장된다.

6. 소금절임 : 김치용으로 많은 양을 오래 저장하려면 소금에 절여서 폴리에틸렌 필름으로 포장하여 저온저장한다.

동치미에 최고인 이천의 '게걸무'

—

게걸무는 예로부터 넉고개(광주)를 넘어가면 안 되고, 능서고개(여주)를 넘어가면 안 된다고 전해질 만큼 이천 지역에서만 재배되어 온 특이한 작물이다. 이천시 대월면 군량리 80여 농가에서는 예로부터 집집마다 게걸무를 심어왔다. 그러나 현재는 개량된 무 품종에 밀려 재배 면적이 급격히 감소하여, 이름조차 생소할 정도로 잊혀가고 있다.

군량리에서 13대를 살고 있다는 김준재(남, 당시 67세) 님과 한영애(여, 당시 62세) 님 부부를 찾아간 건 2013년 11월 29일이었다. 게걸무 얘기를 꺼내니 신이 나서 이야기를 이어간다. 삼촌이셨다는 김병일 옹의 이야기부터 시작한다. 일무(一無)라는 아호를 쓰시던 삼촌 김병일 옹이 92세로 작고하신 지가 몇 년이 되었는데 그분의 말씀에 의하면 게걸무가 오래 전부터, 아마도 조선시대 때부터 이 동리에서 재배해

175

동치미에 최고인 이천의 '게걸무'

오던 무라고 늘 말씀하셨단다.

그리고 김병일 옹은 젊어서부터 이 동리에서 '고향찾기 운동'을 하여 이곳에 효자비, 열녀비를 비롯하여 36종 108가지의 공을 세워서 공적비까지 세워졌노라고 자랑을 한다. 이 동리는 조선시대 효양대군의 피신지기도 하였고 근대에 들어와서는 김영삼 대통령도 잠시 와 있었던 유서 깊은 마을이라고 했다.

군량리에는 전부터 집집마다 게걸무를 조금씩 심어왔단다. 어려서부터 그 맛을 보면서 자란 사람들이 타지에 가서 살다가도 그 맛이 생각나서 찾아오기도 한단다. 겔거리무, 개걸무 혹은 게거리라고도 불리며, 포털 사이트인 다음(Daum)의 한글사전에는 게걸무를 '경기도 이천 지방에서 생산되는 무. 배추 뿌리와 같이 원뿔꼴이며 잔털이 많다. 맛은 겨자처럼 아주 맵고 무 속이 매우 단단하기 때문에 소금에 절여 땅에 묻어두었다가 이듬해 여름에 농가에서 밑반찬으로 사용한다. 대개 콩밭 사이에 심는다.'라고 기록되어 있다.

순무처럼 끝이 뾰족한 것이 특징

대월면을 중심으로 그 주변인 여주시 능서면이나 여주읍, 조금 떨어져서는 평창 등지에서 드물게 게걸무를 심고 있는 농가가 발견되기도 하였다. 게걸무는 순무와 같은 팽이 모양의 배추 뿌리처럼 뾰족하게 생겼다. 비슷한 모양의 순무와는

176

달리 보통무보다 육질이 무척 단단해서 치아가 약한 어른들은 깨물지 못할 정도다. 얼핏 보기에는 순무와 겉모양이 흡사하지만 순무는 배추꼬리 맛을 내는 배추와 사촌(염색체수 2n=20)이지만 게걸무는 무(염색체수 2n=18)다. 씨앗의 크기도 보통의 무씨처럼 순무나 겨자씨 크기의 배추씨보다 훨씬 크다.

'게걸무'로 담근 후 1년이 지난 동치미

잎은 냉이처럼 땅에 딱 달라붙어 자라며 무성하고, 잎 수도 많고 연하며 매운맛이 강해서 무청시래기로도 많이 먹는다. 무의 크기는 10cm 내외로 어른 주먹만한데 밑이 약간 둥근 것과 뾰족한 모양, 팽이 모양 등 여러 가지 모양이 있다. 무의 색상은 주로 흰색이며 잔뿌리가 많다. 맛은 겨자처럼 맵고 매우 단단하며 개운하면서도 감칠맛이 뛰어나다. 개량품종 무는 늦가을 김장을 담그면 3개월도 못돼서 물러지는 데 반해 게걸무는 소금에 절여 땅에 묻어 두었다가 한 해 겨울을 넘긴 이듬해 여름에 꺼내어 밑반찬으로 사용하면 무청이 연하며, 김치를 담갔을 때 맛이 특이하고 시어져도 감칠맛이 나고, 2년이 지나서도 무가 무르지 않아 아삭한 맛을 즐기며 먹을 수 있다.

개량 무보다 부드러운 게걸무청

게걸무는 조직이 단단하고 강한 매운맛 때문에 김치, 물김치, 짠지 등으로 이용되어 왔다. 게걸무는 잎과 무를 함께 이용하여 김치를 담그거나 주로 동치미를 담근다. 채소가 부족했던 시절 오랫동안 두었다가 이듬해 봄부터 여름에 걸쳐 먹기 위하여 소금을 배추절임보다 3배 이상 많이 넣었다. 여름에 꺼내 먹을 때에는 물에 며칠 담가서 소금의 짠맛을 우려내고 동치미로, 혹은 채로 썰어서 무쳐 밑반찬으로 먹는단다. 잎의 맛은 무청보다 부드럽고 동치미의 맛은 묵을수록 연한 황색에서 연한 갈색으로 변하며 그 맛이 구수하며 감칠맛이 난단다. 또 무 밑이 크게 들기 전에는 열무로, 무를 수확할 때에는 잎을 시래기로 말려서 국거리 나물로 먹었는데 일반 무보다도 부드럽고 맛이 좋단다.

고향이 여주인 심광섭 씨는 지병인 폐쇄성 폐질환을 병·의원에서도 치료할 약이 없어 고작 기도확장제를 사용할 정도로 어려웠는데 게걸무 씨앗 기름으로 치유하였고, 이종은 씨도 무려 55년 동안이나 담배를 피워왔기에 병원에서도 치료가 어렵다던 폐질환을 게걸무 엿으로 치유하였다고 한다. 게걸무는 가래, 기침, 해소, 천식을 낮게 하고 생으로 먹으면 속 아픈 것을 치유하는 효과가 있다고 전해온다. 게걸무는 일반 무에 비하여 수분 함량이 낮고, 대신 단백질, 지방, 회분, 섬유소 함량이 높다. 나트륨, 마그네슘·칼륨·칼슘 등의 무기물 함량도 높다.

게걸무도 김장 무처럼 음력 7~8월에 씨앗을 뿌리는데 햇볕을 너무 받으면 밑이 들지 않고 웃자라기 때문에 보리를 심던 시절에는 보리를 베고 난 후 파종하는 콩밭 이랑이나 팥밭 사이에 심어 재배한다. 가을에 수확해서 보통 무와 함께 묻어두었다가 봄에 꺼내서 잘 생긴 것을 골라 밭에 심으면 싹이 터서 잎이 자라고 꽃대가 올라오면 꽃이 피고 씨가 맺어 씨를 받는다. 그러나 지금은 게걸무를 '옛 맛'을 기억하는 몇몇의 농가에서 고령자들의 별미 먹거리로만 재배하여 생산량이 많지 않아 거의 잊히고 있는 실정이다.

오래 전부터 이천시 대월면 군량리 지역에서 재배해 온 게걸무가 계절이나 지역에 상관없이 손쉽게 독특한 맛을 경험할 수 있도록 다양한 가공식품으로 개발되어 지역 특산상품으로 발전이 이루어지기를 바라는 마음이다. 게걸무의 특성인 단단한 조직감과 독특한 매운맛을 살려서 동치미·김치·물김치·짠지 등으로 이용하고 있으며, 농촌진흥청 농업과학기술원 농촌자원개발연구소에서는 2006년 경기도 이천시에서 요청한 '현장애로기술 지원 연구'를 추진, 게걸무의 특성을 살리고 손쉽게 접근이 가능한 조리가공제품 7종을 개발한 바 있다. 농촌진흥청에서는 본 연구 결과를 경기도 이천시 농업기술센터에 기술 이전해서 이천 지역의 잊혀가는 특산물인 게걸무를 계승·발전시켜 지역 특산물의 소비를 촉진시키고, 지역사회의 발전을 기할 수 있을 것으로 기대한다. 게걸무는 2015년에 〈국제슬로우푸드 맛의 방주〉에 등록되었다. 이렇게 특별한 특성을 갖는 우리의 많은 토종들이 잘 지켜지고 잘 활용될 수 있기를 바라는 마음이다.

논산 매꽃마을의 '매꼬지상추'

—

'매꼬지상추'를 찾아 연무읍을 찾은 것은 2008년 6월 25일이었다. '연무읍'이란 명칭은 한국전쟁 중 서울 수복 후 육군 제2훈련소가 구자곡면 지역에 창설되고 훈련받는 곳이라는 뜻으로 연무대(鍊武臺)라고 명명한 데서 비롯된 지명이다. 1966년 6월 신병으로 입대하여 땀 흘리며 훈련 받던 생각에 감회가 새로웠다. 그때 연무읍이 속해 있는 논산은 '돈산'이라는 별칭이 있었다. 신병과 가족들이 붐비기 때문에 돈이 모인다는 뜻일 것이다.

꽃대가 늦게 올라오는 특성

매꼬지상추의 기원지인 신화리는 1963년 1월 1일 연무읍이 승격됨에 따라 논산군 연무읍에 편입되었다. 행정구역은 신화 1, 2, 3리로 되어 있으며 198세대 482명의 주민들이 거주하고 있는 제법 큰 동리 중에서도 자연마을인 매곳이마을이다.

　매꼬지상추라는 이름은 논산시 연무읍 신화리 매곳이(매꽃[梅花]마을)에서 유래했다며 이 마을에서 태어나서 평생을 살아온 김형갑(남, 당시 72세) 씨가 그 내력을 이야기하기 시작했다. 60여 년 이상 재배해 왔다는 매꼬지상추(매꽃청상추)는 지금은 모두 작고하신 마을에 살던 이필재 씨 어머니가 친정에서 가져와서 심기 시작하였다고 한다. 매꼬지상추라는 이름은 매꽃마을이 '매곳이', '매꼬지' 등으로도 불리므로 지방명에서 온 이름이란다. 매꼬지상추는 만추대성청치마잎상추로 우리나라 상추 중에서 추대(상추의 꽃대가 올라오는 것)가 가장 늦게 되어서 여름 재배가 가능했던 재래종이다. 상추는 낮이 길고 기온이 높아지면 추대가 촉진되기 때문에 지금까지의 다른 품종으로는 여름 재배를 할 수가 없었다. 매꼬지상추는 여름철에도 석 달을 수확할 수 있어서 '100일 상추'라고도 불렀단다. 보통의 상추들은 여름철에 2회 정도를 수확하면 추대를 한다. 추대를 늦게 한다는 시판종 상추도 5회 정도를 수확하면 추대를 한다. 그러나 매꼬지상추는 12~13회 정도까지 딸 수 있으니 획기적인 특성이라고 아니할 수 없다. 매꼬지상추는 잎이 두꺼운 편이고 잎을 딴 면에서 흰 우웃빛 진액이 많으며 연하고 달착지근해서 맛이 좋았단다. 겨울에는 잘 자라지 않아서 재배가 어렵고 대신 여름철에 잘 된다. 그래서 "단오날(음력 5월 5일) 심어서

7~8월 장마 때 팔았어. 그런데 고동(추대를 뜻하는 사투리)이 안 올라와서 씨를 받을 수 없어서 씨받을 건 따로 고추밭 고랑에 심었지." 매꼬지상추가 시판되고 있는 여러 가지 만추대성 치마상추의 육종 모본인 유전자원으로 공헌할 수 있었던 이유이다.

김형갑(남, 당시 72세) 씨는 매꼬지상추가 엽병이 두껍지만 연하고 맛이 좋으며 상품가치가 뛰어나서 비싼 값으로 팔려서 상추농사로 새 집도 짓고 자녀들 대학도 보낸 집들이 많았다고 술회하였다. 처음에는 매꼬지상추를 팔지 않았단다. 서울, 대구, 광주 등지로 딸기를 팔 때 그냥 주기도 했는데 상인들이 먹어보고 맛이 좋기도 하거니와 여름철 상추가 귀한 시절이라 팔아보고 또 찾게 되었다고 한다.

매꼬지상추

매꼬지상추를 얘기하고 있는
김형갑 할아버지(왼쪽)와 하용웅 박사

매꼬지상추

매꼬지상추는 꽃이 늦게 핀다.

상업적으로 매꼬지상추가 전국적으로 유명세를 타기 시작한 것은 1980년대 중반부터 1990년대 중반이다. 경제 사정이 좋아지고 고기 소비량이 증가하면서 상추의 소비도 증가하게 되었다. 특히 여름철의 상추 단경기엔 인기가 좋았다.

"상추가 잘 나갈 땐 하루에 1,000상자도 더 나갈 때도 있었지유. 주로 대구, 대전, 광주로 실려 나갔어유. 돈도 많이 벌어들였어유. 아이들 대학도 가르치구……. 매꼬지상추로 특허를 내기도 하였지유. 1992년 KBS 방송에 매꼬지상추가 소개되어 전국적으로 이름이 나게 되니 씨를 사러 오는 사람들이 생기게 되었지유. 그 뒤로도 방송에 몇 번 더 나가게 되니까 씨를 사러 오는 사람들이 늘었지유. 밭에 있는 종자를 훑어가는 종자 도둑까지 생기고 밭에서 몰래 상추를 뽑아가기도 했지유. 처음에는 씨를 팔지 않기로 했는데 씨 값을 워낙 비싸게 쳐주니까 씨를 파는 사람들이 생겼지유. 편지봉투에 넣어서 50~100만 원씩 받았으니까……. 차츰 다른 곳에서도 매꼬지상추가 생산되어 시장에 나오기 시작해서 몇 년 안 되어 우리 동리는 상추 재배를 더 이상 할 수가 없게 되었지유."

요즈음은 동리에서 매꼬지상추를 심는 사람이 없단다. 종자를 잃는 것이 안타까워서 김형갑 씨를 비롯해서 두세 집만이 집에서 먹을 양으로 조금씩 심는단다. 지금은 매꼬지상추가 여러 종자회사에서 '여름청치마상추' 또는 '청치마상추'라는 이름으로 생산 및 판매되고 있다.

매꼬지상추(앞의 왼쪽),
산청청상추(앞의 오른쪽),
고성적치마상추(뒤의 꽃 피는 것)

고기와 함께 쌈용으로 인기

　우리나라 사람들의 식생활 패턴이 바뀌고 살림살이가 넉넉해지면서 고기를 전보다 많이 섭취하여 고혈압이나 성인병이 옛날보다 많아진 것 같다. 그나마 다행인 것은 불고기나 생선회를 먹을 때면 으레 상추와 함께 먹는다는 점이다. 고기에 없는 식물성 섬유소나 비타민, 무기질을 함께 섭취할 수 있고 맛을 배가해 줄 수 있다는 점에서 고기와 상추는 그야말로 찰떡궁합인 것이다.

　식물학적으로 상추의 품종군을 분류할 때, 결구 상추·잎상추·배추상추·줄기상추 등으로 나눈다. 결구 상추는 결구가 되는 양상추이며, 한국에서 소비가 가장 많은 잎상추는 잎을 한 장 한 장 자라는 대로 제쳐서 따먹는 불결구 상추인 치마잎상추와 잎이 오글오글한 축면포기잎상추, 배추상추는 잎이 직립하면서 결구하는 형상을 보이는데 다 자랐을 때 포기채로 수확을 한다. 에게 해 코스 섬이 원산지여서 코스상추라 불리기도 하고 시저(카이사르)가 샐러드로 먹었다고 해서 시저스샐러드로 불리기도 하며, 로메인상추라고도 한다. 줄기상추는 3~4일에 새 잎이 한 장씩 나오면서 줄기가 자라므로 밑에 달린 큰 잎부터 몇 장씩 젖혀 먹을 수 있어 심어두고 먹고 싶을 때 적당히 수확해 먹는 데 제격이라고 하겠다.

토종상추는 크게 잎상추와 줄기상추로 30여 종이 있다. 잎상추의 토종으로는 뚝섬상추·은평오그라기·안동상추 등이 있으며, 줄기상추로는 충남상추·서울개봉상추·적치마상추·청상추 등이 있는데 근래에는 여러 종묘회사에서 이들 품종을 기본으로 하여 수확량이 많고 맛이 있는 품종들을 개발하여 시판하고 있다.

상추는 기원 전 550년부터 재배되기 시작했다고 하는데 바빌로프 박사에 의하면 중국, 인도, 근동 지중해 지역이 그 발생지라고 한다. 청나라 때의 문헌 《천록식여(天祿識餘)》에 고구려의 사신이 상추 씨앗을 비싼 값에 팔아 '천금채(千金菜)'라 불렸다는 기록이 나타나는 것으로 보아 이 시기에 우리나라에서도 상추를 재배했던 것으로 보인다.

우리나라 옛 문헌에는 '와거(萵苣)'로 표기

우리의 문헌상으로는 고려 고종(1236~1251) 때 편찬된 《향약구급방(鄕藥救急方)》에 상추를 '와거(萵苣)'라고 처음으로 표기하고 있다. 그 뒤로 1890년경에 서구 문물이 들어오면서 잎상추가 일본으로부터 들어와서 널리 재배되었다. 그리고 그 후 주한 미군들의 군납을 위해서 1960년경부터 결구 상추가 들어와서 해마다 그 재배 면적이 증가되고 있는 실정이다.

상추는 양질의 섬유질과 무기질, 특히 철분이 많이 함유되어 있어 영양가가 높으며 비타민도 많이 함유되어 있다. 상추는 가식부 100g 중 칼륨 38mg, 칼슘 15mg, 철 5mg, 마그네슘 6mg, 인 9mg 정도가 들어 있어 무기질 함량이 높다. 특히 철분이 많아 혈액을 증가시키고 맑게 해 주는 보건식품으로 가치가 높다.

상추의 잎줄기에는 우윳빛 즙액(latex)이 들어 있는데 고온기에 많이 생성되며 쓴맛을 낸다. 중세기에 영국 에딘버러(Edinburgh)의 의사 던칸(Duncan)은 이것을 락투카리움(Lactucarium)이라고 이름을 붙여 발표했다. 이 성분은 알카로이드 계통으로 주성분은 락투세린(Lactucerin), 락투신(Lactucin), 락투신산(Lactucicacid) 등으로 구성되어 있다. 이는 아편(Opium)과 같이 최면, 진통의 효과가 있어 상추를 많이 먹게 되면 졸리게 된다. 상추의 쓴맛은 햇빛이 강한 여름이나 관수가 불충분할 때, 또는 추대하기 전에 강하다. 재배상으로는 각종 비료 성분의 불균형 시비, 질소 비료의 과다 등이 쓴맛을 촉진시킨다.

횡성 박부례 할머니의
'물고구마' 사랑

———

　고구마는 2,000여 년 전부터 중·남아메리카 지역인 멕시코의 유카탄 반도 지역과 남아메리카 베네수엘라의 오리노 강하구에 이르는 지역에서 재배해 왔다. 우리나라에는 조선 영조39년(1763년) 10월에 조엄이 통신정사로 일본에 가는 도중에 쓰시마 섬에서 고구마를 보고 그것이 좋은 구황작물이 될 것이라고 짐작하여 씨고구마 몇 알을 부산진으로 보낸 것이 그 시초라고 한다. 조엄이 영조40년(1764)에 쓴《해사일기》에 고구마의 모양에 대하여 "이 섬에 먹을 수 있는 풀뿌리가 있는데 '감저' 또는 '효자마'라 부른다. 대마도 사람들이 '고코이모[孝行芋]'라고 하는 이것은 생김새가 산약도 같고 청근(무 뿌리)과도 같으며, 오이나 토란과도 같아 그 모양이 일정치 않다.", "생으로 먹을 수도 있고 구워서도 먹으며 삶아서 먹을 수도 있다. 곡식과 섞어 죽을 쒀도 되고 떡을 만들거나 밥에 섞는 등 되지 않는 음식이 없으니 흉년을 지낼 밑천으로 좋을 듯했다."라고 상세히 기록되어 있다.

　고구마 중 그 육질이 찌면 구운 밤처럼 포송포송한 밤고구마는 간식용으로 기호성이 좋고, 물고구마는 비교적 전분이 적으며 당분이 많고 간식보다는 반찬이나 밥을 지어 먹는 데 적당하다. 저장한 고구마를 한겨울에 날로 깎아 먹으면 수확 당시보다 훨씬 더 달고 맛있는데 그것은 고구마를 저장하는 동안에 고구마 속의 전분이 단당류로 변화되기 때문이다.

　토종작물 중에도 토종고구마가 많지 않은 것은 고구마가 영양번식 작물로 품종 간 상호교잡이 잘 이루어지지 않고 뿌리로 번식하기 때문에 품종의 분화가 잘 일어나지 않기 때문이다. 횡성군에서 토종을 수집하기 시작했던 2014년 3월 10일, 첫날 공근면에서 수집을 시작하였다. 횡성에서 그리 머지않은 홍천에서 공근면으로 시집와서 7남매를 낳아 기르면서 평생을 살아오신 박부례(여, 당시 84세) 할머니 댁에서 살림을 시작하면서부터 심어왔다는 고구마가 있다는 얘기를 듣고 놀라웠고, 그보다 더 반가울 수가 없었다. 고구마는 안방 윗목의 상자에 담겨 이불로 덮여져 있었는데 조금도 상한 것이 없이 잘 보관되고 있었다. 60여 년 동안을 해마다 꼭 같은 방법으로 겨울이면 고구마와 한 방에서 지내왔단다.

　고구마는 열대작물이어서 85% 정도의 습도와 10~17℃의 온도가 저장에 적당한 조건이다. 9℃ 이하에서는 냉해를 받아서 부패하기 쉽고 18℃ 이상의 고온에서는 싹이 나기 쉽기

모양이 짧은 타원형으로 약간의 골이 있고
속의 색이 흰 횡성물고구마

잎에 1~2개의 결각이 있으며 잎과 줄기가
모두 연한 녹색을 띠는 횡성물고구마

안방 윗목 상자에 담겨
이불로 덮여져 있는 횡성물고구마를
꺼내 보여주시는 박부례 할머니

때문이다. 너무 건조한 상태에서 오래 보관하면 고구마가 말라서 무게가 심하게 줄기도 한다. 할머니의 온돌방 윗목이 열대지방이 고향인 고구마가 겨울을 나기에 가장 적당한 곳이었나 보다. 저장하였던 고구마를 이듬해 봄 묘상(苗床)에 심으면 싹이 나온다. 싹을 잘라 밭에 심으면 뿌리를 내려서 가을이면 늘 고구마를 캘 수 있는 즐거움을 주었단다.

우리는 할머니가 평생 심어오신 고구마를 "횡성물고구마"라고 부르기로 하였다. 횡성물고구마는 고구마의 모양이 짧은 타원형으로 약간의 골이 있고 잘라보면 속의 색은 희다. 잎은 1~2개의 결각이 있으며 잎과 줄기가 모두 연한 녹색을 띤다. 전에는 고구마가 여러 자식을 둔 할머님 댁에서 양식으로 큰 보탬이 되었단다. 이 고구마를 오랫동안 버리지 않고 심어온 이유 중의 하나도 식량으로 보탬이 될 수 있었기 때문이었다고 회고하신다. 물고구마이기 때문에 쪄서 먹거나, 고구마밥을 짓거나 국수와 잘 익은 호박을 넣고 범벅을 하거나 여러 가지 방법으로 쉽게 음식을 만들어 먹을 수 있어 좋았단다. 겨울철이면 군불을 때면서 아이들이 다투어 가며 아궁이에 고구마를 구워 먹던 모습도 생각나고, 식구들이 오순도순 모여 앉아 화롯불에 구워 먹던 아련한 생각이 나기도 한다며 지난 옛일을 들려주시면서 라면과 잘 익은 호박을 고구마와 함께 섞어 만든 고구마호박범벅을 내놓으시며 먹어 보라신다. 참 맛있다. 아마도 밤고구마 같았으면 저런 식감과 맛이 나지 않을 성싶다.

다이어트와 건강에 좋은 물고구마

고구마는 예로부터 시골에서 간식으로 또는 보리나 쌀과 섞어서 밥을 지어 먹기에 좋았고 수확 후 저장하여 겨울철에 날로 깎아 먹으면 그 맛이 밤 맛에 비할 바가 아니었다. 할머니가 내어 놓으신 맛있는 '고구마호박범벅'을 먹다보니, 간식 정도로 먹기 위해 심어왔던 별 볼일 없던 고구마가 요즈음엔 여성들에게 각광을 받을 수 있는 다이어트 식품으로, '웰빙(well-being) 식품'으로 변모하고 있다는 사실에 공감이 갔다.

고구마의 주성분은 녹말인데 수분 71~77%, 전분 18~25%, 당분 1~5%, 단백질 0.6~1.4%, 지방질 0.2~0.8%, 섬유 0.7~0.9% 내외이다. 그 외에 비디민 C가 많으며(30mg%) 특히 안정성이 커서 삶은 후에도 70~80% 잔존한다. 노란색 고

든든한 한 끼 식사로 좋은
고구마호박범벅

재료 : 단호박 500g, 고구마 300g,
　　　 팥 100g, 소금·계피가루 조금씩

① 단호박과 고구마의 껍질을 벗기고 한
　 입 크기로 비껴썬다. 각각 흐르는 물에
　 헹군 다음 고구마는 볼에 넣고 찬물에
　 30분 정도 담가 전분을 뺀다.
② 팥은 씻어 물 500ml를 부어 푹 삶아
　 건진다.
③ 준비된 단호박과 고구마에 소금을
　 약간 뿌려 전자렌지에 5분 간 돌리고,
　 뒤집어 다시 5분 동안 돌린다.
④ 익힌 단호박과 고구마를 으깨어 잘
　 섞은 후 식혔다가, 삶은 팥을 넣고 잘
　 섞는다.
⑤ 시원해진 고구마호박범벅 위에
　 계피가루를 조금 뿌려 먹는다.

구마는 비타민 A의 전구
체인 카로틴을 많이 함유
(1000~4000I.U./100g)한
다. 고구마 100g당 열량
은 생고구마 111Kcal, 찐
고구마 114Kcal, 군고구
마 141Kcal라고 한다.

　고구마는 다이어트 식
품으로 인기가 높다. 고
구마의 GI지수(혈당지수,
glycemic index)는 55로
감자 90에 비해 훨씬 낮아
특히 GI 다이어트(저인슐
린 다이어트)를 하는 사람들에게 고구마 다이어트가 인기가
높다. GI지수가 높은 음식은 췌장을 자극하여 인슐린을 필요
이상으로 많이 분비하게 하며, 과잉 분비된 인슐린은 당뇨를
유발하고, 잉여 열량은 지방으로 축적시켜 비만이 되게 한다.

　고구마를 먹으면 포만감을 느끼며, 포만감이 오래 지속되
기 때문에 다이어트를 할 때 식이 조절로 적당한 식품이다.
고구마 다이어트 방법은 간단하다. 다른 음식 대신에 고구마
를 먹는 것이다. 집에서 고구마를 삶거나 구워서 아침과 저
녁에 먹는 것이다. 아침에 적당한 크기의 고구마 1~2개와 두
유 또는 저지방 우유 한 컵을 먹고, 점심엔 한식 위주의 일반

적인 밥 반 공기 정도의 가벼운 식사를 하고, 저녁에는 고구마 한두 개와 두유 또는 저지방 우유 한 컵을 먹으면 훌륭한 고구마 다이어트가 된다. 고구마 한 가지로만 하는 원푸드 다이어트는 영양 불균형과 폭식 유발이나 요요의 위험성이 있어서 지양하고, 다이어트 기간을 길게 하면서 효과를 좋도록 하기 위하여 일반 식사를 겸하여야 하며 밤고구마보다는 물고구마가 먹기가 훨씬 쉽다.

고구마 속에는 식이섬유가 풍부해서 장운동을 활성화하여서 위장을 튼튼하게 하며 변비 예방 및 치료 효과가 있으며 대장암의 예방 효과가 있고, 장 내에서 발효하여 뱃속에 가스가 차기 쉽지만 소화흡수가 잘된다. 풍부하게 함유되어 있는 베타카로틴과 비타민 C가 몸속에 들어가서 항산화 작용을 함으로써 피부 노화 억제의 효과가 있다. 고구마는 알칼리성 식품으로 혈압 강화와 혈관 개선에도 도움을 준다. 고구마에 함유된 칼륨은 김치 등에 다량 함유된 나트륨(소금)을 몸 밖으로 배출시키므로 고구마와 김치를 함께 먹어도 좋으며 고혈압과 뇌졸중 질환에도 좋다. 고구마 속에 들어 있는 베타카로틴은 위암과 폐암의 예방에 좋다. 또 식물성 섬유가 풍부하게 들어 있어 콜레스테롤을 배출하는 능력이 뛰어나다.

박부례 할머님께 오랫동안 좋은 토종인 횡성물고구마를 잘 보존하여 주신 데 대하여 감사드리면서 오래 건강하시기를 기원하는 바이다.

192

횡성 배영희 할머니의 '돼지감자' 사랑

—

'강원도' 하면 제일 먼저 내 머리에 떠오르는 것은 '감자'
다. 사람마다 그 사람의 직업이나 취미 등에 따라서 생각이
다를 것이지만 평생을 '농(農)' 자를 떠나 살지 못한 나로서
는 당연한 귀결이다. 감자의 특성이 본래 생육기간 중 기온
이 서늘한 곳에서 잘 되는 작물이라서 강원도의 고랭지대가
우리나라에서는 가장 적지이다.

감자 덩이줄기가 생기기 시작하려면 기온이 10~14℃ 정
도이고 낮의 길이가 8시간 정도로 짧아야 한다. 기온이 20℃
정도에서 감자가 잘 자란다. 기온이 이보다 높을 때는 감자
가 잘 형성되지 않으므로 감자의 재배는 이른 봄에 생육을
촉진시켜 더운 여름이 되기 전에 최대한으로 생육을 시키는
것이 요점이다. 그러므로 감자는 대관령과 같은 고랭지에서
잘 되며 특히 고랭지는 바이러스에 걸리지 않은 씨감자 생산

에 유리하다.

자주색 꽃이 피는 자줏빛 '돼지감자'

강원도 산간에서는 예로부터 감자, 옥수수가 주요 식량이었다. 횡성군 공근면 영서로 지오리골에서 대물려 살아온 배영희(여, 당시 66세) 할머니는 돼지감자를 40년 동안 심어오셨단다. 무엇보다도 돼지감자는 맛이 좋아서 계속 심는단다. 장작불을 때서 가마솥에 쪄내면 약간 쫄깃하면서도 분이 나고 약간 아릿하면서도 단맛이 나는 특유의 식감과 맛이 다른 감자는 따라올 수가 없단다. 단단하고 부서지지 않으며 팍신팍신하다. 이름은 같지만 집 근처나 밭둑에서 자라나서 가을이면 노랑꽃이 피고 당뇨병에도 좋다는 미국에서 들어온 돼지감자가 아니고, 모양이 길쭉하고 눈이 깊고 짙으며 자주색 꽃이 피는 자주색 감자이다. 움푹움푹 들어간 눈과 표면이 거칠한 느낌을 주어서 이름을 돼지감자라고 붙였나 보다. 감자를 잘라 보면 속살은 약간 청색의 느낌을 갖는 백색이다.

❶ 횡성 배영희 할머니와 돼지감자

❷ 움푹움푹 들어간 눈과 표면이 거칠한 느낌의 토종돼지감자

❸ 돼지감자는 연한 자주색 꽃이 핀다.

그래서 돼지감자로 녹말을 만들어도 녹말이 많이 나고 개량종 수미녹말보다도 희다.

3월 하순 언 땅이 녹을 무렵, 일찍이 광 안에 두었던 씨 돼지감자를 꺼내어 밭에 심는다. 그래야 빨리 커서 감자가 잘 앉는단다. 밭에는 지난해에 마련해 두었던 퇴비를 잔뜩 내고 경운기로 밭을 갈아 놓은 다음 감자의 눈을 도려낸다. 옛날 같으면 골을 내어 재를 뿌리고 드물게 씨감자를 넣고 흙을 덮는다. 근래에는 나무를 화목으로 많이 쓰지 못하니 재 대신에 가리비료와 초기 생육을 좋게 하려고 복합 비료나 요소 비료를 뿌린단다. 돼지감자는 워낙 내병성이 강한 편이어서 농약을 주는 일은 없단다.

돼지감자를 심은 후 한 달은 지나서야 싹이 올라오기 시작하고, 그 후로 급속히 자라나서 한 달 가량 지나면 키가 다 크고 꽃망울이 생기기 시작한다. 5월은 덩이줄기인 감자가 생기기 시작하는 때이다. 5월부터 잎이 누르스름해지는 6월 전까지는 파란 색의 예쁜 돼지감자 꽃이 피고 열매가 달리면서 감자가 빨리 굵어진다. 돼지감자는 춘천재래와 거의 비슷한 자주색인데 꽃은 흰색 바탕에 속이 자주색으로 예쁘게 핀다. 6월 중·하순경이면 햇돼지감자를 캐기도 하지만 돼지감자는 요즘 개량감자보다 수확기가 늦다. 그래도 잘 썩지 않으므로 7월에 들어서 잎이 누렇게 변할 때 장마 전에 캐서 그늘에 말렸다가 광 바닥에 널거나 상자에 담아서 보관한다.

그 옛날, 40여 년 전만 해도 어려웠던 시절, 돼지감자는 배영희 할머님 댁에서 옥수수와 함께 가장 요긴한 식량 겸 반찬이기도 하였단다. 지금도 그렇지만 굵은 것은 쪄먹거나 강낭콩이나 콩을 삶아 소로 넣고 감자떡을 해 먹기도 하고, 잔 것으로는 간장 넣고 조려서 반찬으로 해 먹는단다. 썩어가는 감자는 물에 담가서 썩혀서 녹말을 만드니 버릴 것이 없다. 집에서 잔돈이 필요하거나 장에 갈라치면 한 자루 이고 가서 팔아서 이것저것 장도 보신단다.

횡성의 토종돼지감자

우리나라의 토종감자들

요즈음까지 돼지감자를 심는 사람들은 흔하지가 않다. 새로 보급된 감자 품종들에 비해서 생산량이 크게 낮고 늦되는 것이 그 이유이다. 씨드림 토종수집단이 2014년 횡성군의 지원을 받아 3월부터 7월까지 4개월 간 횡성군 전 지역의 농가를 거의 전수조사 했었다. 84작물 403점을 수집하였는데 그 중 배영희 할머니를 포함해서 2농가만이 돼지감자를 심고 있었다. 미륵바위가 고갯마루에 있이시 '미러기'라고 불렸던 횡성군 청일면 청일로에서 만난 이성구(여, 당시 73세)

자주감자

노랑감자

하지감자

할머니는 평생 어려서부터 돼지감자를 심어오셨단다.

돼지감자 외에도 우리나라의 토종 감자로는 중부의 산간부에서 재배되어 왔던 '춘천재래'라는 자주감자가 있으며, 경기도 화성 지방에서 박기생 할머니가 한평생 심었던 속이 노란 '노랑감자', 강화도 교동면 지석리 강한옥 할머니가 심어온 분홍감자와 경북 성주군 금수면 후평의 장옥금 할머니가 심어온 '하지감자', 강원도 평창군 대화3리의 김문기 할아버지가 심었던 '묵밭두지감자', '올감자' 등이 있다. 또 강원도 경월군 주천면의 이종윤(남, 당시 70세) 할아버지의 3대조부터 심어왔던 자주감자와 경양군 석보면의 김차순 아주머니가 심었던 노랑감자와 흰감자, 그리고 성주 지방 등에서 재배되어 왔던 하지감자가 있다. 또 많지는 않지만 강원도를 중심으로 한 경북 산간 지역에서도 더러 찾아볼 수가 있다. 그 외에도 농촌진흥청 고랭지시험장에서 농업유전공학연구소 유전자원과의 협력 등으로 전국에서 붉은 감자, 장관감자, 울릉재래, 청지감자, 홍천재래 등 70여 품종을 수집하여 보존·이용하고 있다.

감자에 함유된 칼륨의 양은 밥의 16배나 된다. 칼륨은 체내에 있는 여분의 나트륨을 배출하는 작용을 하므로, 고혈압의 예방과 치료에 효과적이다. 날감자를 갈아낸 즙이나 감자수프를 꾸준히 먹으면 고혈압을 비롯하여 위궤양이나 신장병에 의한 부기에 효과가 있다. 다만, 만성 신장염으로 의사로부터 칼륨을 제한하라는 충고를 들은 사람은 감자를 먹지 않아야 한다.

올감자 꽃

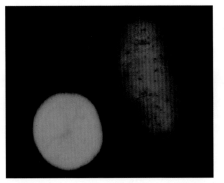
올감자

묵밭두지감자

198

감자의 '생녹말요법'!

감자를 갈아 녹말을 약으로 쓰는데, 위궤양 치료에 효과가 아주 뛰어나다. 감자의 껍질과 싹눈을 깎아 버린 뒤 강판에 갈아 컵에 담아 놓으면, 앙금은 밑으로 가라앉고 위로는 붉은 물이 뜬다. 이때 웃물은 따라 버리고 앙금만을 긁어 아침마다 빈속에 먹으면 위궤양 치료에 효과가 있을 뿐 아니라 신장 기능이 강해지고, 소화 기능이 튼튼해지는 효과까지 볼 수 있다. 날마다 감자를 1개씩 갈아 먹으면 된다. 그런데 이때 싹이 난 부분에는 솔라닌이라는 독성이 있으므로 싹이 나거나 푸르게 변한 감자는 쓰지 말아야 한다.

감자는 몸 안에 불필요하게 쌓인 수분을 없애주는 역할을 한다. 태어날 때부터 물렁살을 타고난 사람이나, 병 때문에 온몸이 푸석푸석하게 부은 사람, 또는 별다른 이유 없이 자주 붓는 사람이 감자를 늘 먹으면 부기가 빠지는 효과를 볼 수 있다. 위궤양에 감자에서 낸 생녹말이 좋다는 것은 이미 잘 알려져 있는 사실이며, 타박상이나 화상에도 감자를 갈아 붙이면 상처가 가라앉는데 특히 치질에 감자를 갈아 붙여주면 좋은 효과를 볼 수 있다. 이밖에 편도선염으로 목이 부어 몹시 아플 때 감자를 갈아 솜에 두껍게 펴 바른 뒤 붕대로 목에 감아주면 염증이 잘 가라앉고, 성관계가 지나쳐 기운이 빠졌을 때도 돼지콩팥에 감자를 넣고 삶아 먹으면 기력을 되찾을 수 있단다. 돼지감자는 한반도의 토양에서, 우리나라의 기후 속에서 대대로 살아와 적응되어 왔으므로 약성이나 우리의 체질에 더 잘 맞지 않을까 생각한다.

정선 산골 사람들의
배고픔을 달래줬던
'왜무꾸'

—

 듣기에도 생소한 이름 '왜무꾸'를 발견한 것은 지난 2014
년 9월 강원도 정선 지역에서 토종종자를 수집할 때였다. 김
옥순(여, 당시 60세) 아주머니는 정선군 북평면 녹구마니마
을에서 몇 대를 이어 살고 있는 영주김씨 댁으로 시집와서
시어머님으로부터 대물림하여 왜무꾸를 심어왔다고 하였다.
왜무꾸는 우리나라의 경제가 급속도로 발전하기 전인 1900
년대 초부터 강원도 정선과 평창 일대에서 흔하게 심어 먹었
던 십자화과 채소류에 속하며, 식량삼아 먹어왔던 작물이다.
 "시집와서 젊은 시절에는 끼니를 이을 수 있었지요."
 지난날을 회상하는 김옥순 아주머니의 얼굴에는 회한의 미

아직 덜 자란 왜무꾸　　　　왜무꾸의 잎 모양

되호박

소가 지나간다. 지금은 식량이 풍부하고 먹을거리가 많아서 왜무꾸가 거의 자취를 감춘 지 오래되었지만 나이가 지긋한 이곳 사람들은 왜무꾸 얘기를 들으면 옛날 배고팠던 시절 되호박과 함께 삶아 먹으면서 배고픔을 달랬던 때를 회상해 내곤 한다. 하지만 젊은 사람들은 왜무꾸가 무엇인지 알지 못한다.

식량 사정이 극히 좋지 않았던 6·25 한국전쟁을 중심으로 매년 5~6월부터는 지난해 지어 놓았던 식량이 다 떨어져서 보리가 수확되는 철을 넘기가 힘들었다는 보릿고개를 겪었던 시절, 농촌에서는 그야말로 풀뿌리와 나무의 껍질을 벗겨먹고 햇곡이 나오기를 기다렸던 그 시절 왜무꾸는 강원도 고지대의 농민들에게는 연명을 해 갈 수 있는 중요한 작물이었다.

브로콜리 닮은 왜무꾸는 유채·순무와 사촌지간

왜무꾸는 배추처럼 십자화과에 속하며 양배추류에 가깝다. 씨앗만 보아도 양배추와 흡사하다. 잎의 모양은 지금의 브로콜리와 많이 비슷하다. 뿌리는 잎이 붙어 자라는 머리부분이 지상으로 4~5cm 정도 위로 나오고 땅속으로는 길이가 15~20cm로 굵게 자라며 지상부는 녹색을 띠고 지하부는 흰색을 띠며 뿌리의 속은 연한 오렌지색을 띤다. 평창이나 정선 지방에서는 이 뿌리를 캐내서 예로부터 심어오는 되호박과 함께 삶아 먹었다. 불그스레한 색을 띠는 왜무꾸가 되호박의 맛과 어울려 들큼한 맛을 지녀서 끼니를 때우고 배고

품을 이기게 해주었다. 이 지방에서 왜무꾸를 오랜 동안 심어 먹어 올 수 있었던 것은 아마도 추위에 잘 견딜 수 있고 병충해에도 상당히 강한 왜무꾸의 특성 때문이 아니었을까 한다. -20℃의 추위에도 끄떡없이 월동을 하며 특별히 걸리는 병이나 충해도 없기 때문이다.

실제로 서양에서는 왜무꾸를 루타바가(Rutabaga) 혹은 스웨덴 순무(Swedish Turnip)라고 부르며 학명은 Brassica napus subsp. rapifera이다. 루타바가와 유채, 순무는 가까운 사촌지간이다. 순무와 케일이 자연 상태에서 종간 잡종으로 된 것이라고 한다. 지중해가 원산지라고도 하나 스칸디나비아, 시베리아, 코카서스가 원산지이기 때문에 서늘한 기후에서 잘 자라며, 품종에 따라서는 추위에 견디는 성질이 강한 것도 있다. 잎은 진한 녹색으로 두꺼우며 뿌리는 둥글거나 짧으며 긴 달걀 모양이다. 뿌리의 땅 위 부분은 녹색 또는 자주색을 띠며 뿌리 속은 연한 오렌지색 또는 흰색을 띠고 있다. 육질이 단단하여 저장성이 높다.

유럽에서 처음에는 식용으로 재배하였으나 점차 사료용으로 재배하게 되었다. 다른 뿌리채소보다 수분이 적고 잎이 마르기 시작할 때 수확하여 저장하였다가 이용한다. 주로 소나 면양의 사료로 쓰며 말과 돼지에게도 준다.

왜무꾸의 여러 가지 효능

어떻게 먹는지도 잘 모르고 그냥 배를 채우려고 삶아서 먹어왔던 왜무꾸가 알고 보니 우리의 건강에도 아주 좋은 작물이었다. 왜무꾸는 무나 순무처럼 칼륨과 비타민 C가 풍부하다. 또 약간의 베타카로틴과 섬유질이 많다. 많은 영양학자들이 루타바가(왜무꾸)의 중요성을 인정한다. 정선과 평창의 주민들이 알고 먹어온 것은 아니지만 왜무꾸는 발암을 억제하는 능력이 탁월하다. 콜레스테롤을 낮추면서 변비를 치료하는 데에도 좋다. 콜레스테롤을 낮추려는 노력을 아무리 하더라도 변비를 고치지 않으면 콜레스테롤을 낮추기가 어렵다. 익히지 않은 왜무꾸를 자주 씹어 먹으면 치아를 희게 하고 치석을 줄이는 효과가 있다. 겨드랑이 냄새를 없애는 효과가 있다. 겨드랑이를 깨끗이 씻은 다음에 왜무꾸즙을 발라주면 10시간 정도는 냄새가 나지 않는다. 위생적이고 자연치료제이므로 권장 할만하다. 멍든 데에도 좋다. 얼음찜질과 함께 왜무꾸나 무를 갈아서 멍든 곳에 계속 바르면 효과가 있다. 왜무꾸는 다른 십자화과 식물들에서와 같이 발암을 억제하는 효과가 있다고 여기고 있다. 특히 폐암 예방에 좋다고 한다. 또 감기나 독감에 걸렸을 때나 기침이 날 때 왜무꾸주스를 마시면 좋다.

유럽 사람들이 즐겨 먹는 왜무꾸 요리

왜무꾸 요리는 유럽 사람들이 즐겨 먹는 음식이다. 지방 함량이 낮은 왜무꾸감자으깸 요리를 하려면 감자, 두유, 소금과 후추 소량으로 간을 한다. 우선 왜무꾸를 냄비에 넣고 감자를 넣는다. 그런 다음 물을 붓고 두유를 넣는다. 후추 두 알을 갈아 넣고 25분 간 약불에서 뭉근히 끓인 다음 약불로 낮추고 뚜껑을 덮어 놓는다. 잘 드는 칼을 사용해서 왜무꾸의 껍질을 똑바로 벗긴다. 왜무꾸를 약간 더 작게 썬다. 서로 조리 시간이 약간 다르기 때문에 감자는 좀 더 크게 썬다. 그 다음 감자 으깨는 기구로 감자를 으깬다. 단순히 으깬 감자와 왜무꾸를 먹는 대신 요리에 다양성을 추가할 수 있으면 더욱 좋다.

"저건 왜무꾸라는 거예요. 옛날 어릴 적에 되호박하고 함께 솥에 넣고 쪄서 먹던 건데 요새는 먹는 사람이 없어요. 우린 해마다 조금씩 심곤 해요. 저건 지난해 심었던 데서 씨가 떨어져서 저절로 난 거예요."

왜 지금은 먹지 않느냐고 되물으니 특별하게 맛이 좋은 것도 아니고 50여 년 전 어렸을 적 보릿고개가 있던 시절 식량이 풍부하지 않던 때에 식량에 보탬하려고 끼니를 때웠던 것이란다. 강원도 정선을 비롯해서 평창 등지에서 많이 먹었단다. 특히 정선군 동면 쪽 화암동굴 못가서 산중에 살던 사람들이 많이 먹었단다.

우리가 잘 모르고 허기만 채우기 위하여 먹어 왔던 왜무꾸가 알고 보니 우리의 건강을 챙기게 하는 좋은 음식이었다. 이제 정선에서도 거의 사라져 버린 왜무꾸를 되살려서 우리의 건강도 챙기고 시리져가는 우리의 자원도 보존하였으면 하는 바람이다.

204

은쟁이길의 토종 할머니

—

    안성에서 두 달 동안의 토종종자 수집을 마치고 화성에서
수집을 시작한 첫 날, 첫 집 김순애 할머님 댁에서 수집단은
그동안의 피로를 모두 잊을 만한 큰 수확을 거두었다. 한 농
가에서 12가지나 되는 여러 가지의 토종을 확인할 수 있었다.
사실 화성은 군에서 시로 승격되면서 큰 발전이 있었고 특히
남쪽 지역은 크고 작은 공장이 많이 들어섰고 서울과도 머지
않은 곳이어서 도시가 되었을 것으로 생각되어 큰 기대를 하
지 않고 출발한 곳이었다. 그러나 화성시에서는 근년에 로컬
푸드직매장 봉담점을 열었고 최근에는 화성로컬푸드 직매장
2호점을 동탄신도시에 열어 농민의 소득 증진과 더불어 시민
에게 안전하고 좋은 먹거리를 싼값에 제공할 수 있게 하고 있
다. 그래서 우리는 이에 한 걸음 더 나아가 시민에게 우리의
신토불이인 토종먹거리를 제공하려고 화성에서 전하여 내려

오는 토종작물 자원을 찾는 지원을 하게 되었다.

화성시 최남단인 서해바다를 서쪽에 둔 서신면에서 봉화산의 끝자락 구봉산 밑 은쟁이길에 김순애 할머님 댁이 있다. 같은 화성의 비봉에서 24세 때 5대째 전곡리 은쟁이에서 사는 남양홍씨 홍영유 할아버지 댁으로 시집와서 50년을 살아왔단다. 구봉산 앞 골짜기에 있다 하여 전곡이라 하였고 은쟁이는 자연마을의 하나로 산이 둘러싸여서 숨은 것 같은 마을이라 하여 붙은 이름이란다. 양지바른 터에 지어서 개축한 기와집은 할머님 내외의 성격처럼 깨끗하게 잘 정돈되어 있다. 자손이 모두 도시로 나가 떨어져서 살고 있긴 하지만 슬하에 딸 둘, 아들 하나에 손자가 일곱이나 되는 다복한 가정이다. 이렇게 내외가 해로하면서 자손이 번성한 가정에서 토종이 잘 지켜져 내려오는 경향이 있다는 것은 당연지사일 것 같다.

김순애 할머니가 대물림해 온 여러 가지 토종종자들

대부분의 토종들이 시집와서 시부모님으로부터 대물림하여 심고 있는 것들이다. 팥은 개골팥과 붉은팥 두 가지, 녹두, 들깨, 올콩, 육모보리, 참깨가 40일깨와 더덕깨 두 가지, 차조, 제비강낭콩, 강낭콩 그리고 조선시금치 외에도 쌀수수를 심어오셨다.

개골팥은 종자의 표면에 유백색과 검은 색이 절반 정도씩 적당히 퍼져서 알록달록한 모양이 마치 개구리 등을 보는 것

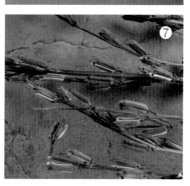

❶ 은쟁이길 김순애
  할머니의 개골팥

❷ 은쟁이길 김순애
  할머니의 붉은팥

❸ 은쟁이길 김순애
  할머니의 녹두

❹ 은쟁이길 김순애
  할머니의 올콩

❺ 은쟁이길 김순애
  할머니의 육모보리

❻ 육모보리 낟알

❼ 은쟁이길 김순애
  할머니의 40일깨

❽ 은쟁이길 김순애
  할머니의 더덕깨

207

같다고 해서 붙여진 이름이다. 팥의 크기는 중간 정도로 큰 편이다. 특히 다른 팥에 비해서 맛이 좋다며 맛을 강조하신다. 삶아서 거피(껍질을 벗김)해서 부꾸미를 하거나 시루떡의 고물로 하면 맛이 최고란다. 너무 일찍 심으면 덩굴이 지고 팥이 잘 안 달리므로 6월 중순에 파종해야 한다. 개골팥은 예로부터 경기도 일원에서 많이 심었었다. 전부터 화성이나 강화 등지에서는 개골팥 또는 개구리팥으로 불러왔고 포천·연천·양주에서는 재롱팥으로 불러왔으며, 경남 산청에서는 갈가마귀팥으로도 불렀다. 또 충청도 금산에서는 까치팥이라고 불렀다.

붉은팥은 역시 시어머니로부터 대물림하여 심어왔단다. 대립이고 잎에는 결각이 있다. 개골팥처럼 6월 중순에 파종한다. 시루떡이나 동지에 팥죽을 쑤어 먹는다. 팥은 옛부터 신(神)이나 종교와도 무관하지 않았다. 한국의 민속에서는 붉은색은 귀신이 꺼리는 색이라 하여 악귀를 쫓아내서 가내의 안녕과 무병을 기도할 때 많이 써왔다. 동지팥죽은 동지에 쑤어 먹는 죽으로, 중국 요순시대에 형벌을 담당했던 공공씨에게서 유래된 음식이라고 한다. 공공씨의 아들이 동짓날 죽어서 역질귀신이 되었는데, 이 역귀가 생전에 팥을 싫어했기 때문에 동짓날이 되면 팥으로 죽을 쑤어 역귀를 쫓은 것이 풍속으로 전래된 것이다. 붉은팥 역시 지역에 따라서 부르는 이름이 다양하다.

김순애 할머니가 대물림하여 재배해 온 녹두는 알이 크고

은쟁이길 김순애 토종 할머니와 토종종자들

종피에는 미세한 주름이 있는 전형적인 토종이다. 5월 20일 경 씨를 뿌린다. 해마다 조금 심어서 제사나 명절이면 녹두 빈대떡을 부치거나 고물을 만들어서 인절미를 만들 때 고물로 쓰기도 하신단다. 우리나라에서는 지역에 따라서 심는 작

은쟁이길 김순애 토종 할머니가
간직해 온 토종종자

물의 종류가 다른 경우가 많다. 전라도에서는 녹두를 많이 심는 반면 경상도, 강원도에서는 팥을 더 많이 심는다. 동학 농민운동의 주동자인 녹두장군 전봉준(全琫準)의 실패를 한탄하고 민중의 실망을 우의적으로 나타낸 노래인 '파랑새'도 녹두가 흔한 전라도에서 만들어져 부른 민족의 노래이다. 녹두가 맛이 좋기 때문에 평소 할아버지가 입맛을 잃으셨을 때 녹두죽을 쑤어드리곤 하셨단다.

6월 하순이면 들깨를 씨 뿌려서 모종을 만들어서 7월 말경 콩밭이나 밭둑에 정식하여 심는다. 할머님의 들깨는 회갈색으로 알이 작고 늦지 않다. 들기름을 짜면 참기름과 함께 반찬 만들 때 많이 쓰고 자식들이 오면 들려 보내는 귀한 선물이다. 할머니는 기름용으로 두 가지 참깨를 심어왔다. 숙기가 아주 빠른 40일깨와 숙기는 느리지만 깨가 많이 나는 더 덕깨를 심는다. 40일깨는 숙기가 빨라서 소출은 적지만 가지를 치고 네모깨이며 통통하게 잘 익어서 참기름이 많이 나고 고소한 맛이 더 좋단다. 더덕깨는 육모깨로 키가 조금 더 크고 소출이 많단다.

할머니가 대물림하여 심는 콩은 올콩이다. 4월 중순에 모를 부어서 5월 초에 밭에 정식하면 8월 초·중순에 수확이 가능하다. 콩알은 황백색으로 중간 정도의 크기이다. 메주를 쑤기도 하고 두부도 만든다. 다른 콩이 수확되기 전에 수확이 되므로 요긴하게 쓸 수 있어 좋다고 하신다.

할머니가 심어오신 보리는 육모보리로 까락이 길고 이삭은 곧게 선다. 옛날부터 육모보리를 심어왔다. 겉보리이며 키가 120cm 정도로 크다. 식량이 풍부하지 못했던 1970년 이전에는 아주 중요한 식량작물로 취급했었지만 오늘날에 와서는 천덕꾸러기가 되었다. 밥을 해 먹는 식량작물로는 그 위치를 잃은 지 오래되었고 근래에는 엿기름을 길러서 식혜를 하거나 고추장을 담글 때, 또는 볶아서 보리차로 이용하는 정도란다. 보릿고개가 있던 지난 1960년대 이전엔 5월 하순 보리가 채 익기도 전 베어서 불을 지펴놓고 구워 익혀서 입이 까맣게 되도록 먹거나 풋바심을 해서 먹었던 시절이 생각난다.

밭에서는 이제 익어가기 시작하는 조가 보인다. 이삭이 그리 길지 않고 끝부분이 다소 굵어지는 곤봉형의 차조이다. 예전에는 주로 밥을 해 먹었지만 조도 이제는 용도가 바뀌었다. 우리나라에서는 한국전쟁 때까지만 하여도 조밥을 많이 먹었던 기억이 새롭다. 요즈음엔 차조를 조금 넣어 밥맛을 돋우기도 하지만 엿을 고기도 하고 새 먹이로 많이 쓴다.

할머니는 두 가지 강낭콩을 심으신다. 한 가지는 이른 봄 감자밭 고랑에 심었다가 다 여물기 전에 따서 밥에 두어 먹는 키가 작은 강낭콩이고, 또 하나는 덩굴강낭콩으로 울타리에 올려서 가을에 수확해서 먹는 울타리강낭콩인 제비강낭콩이다. 키가 작은 강낭콩은 갈색 바탕에 자주 점무늬가 있는 빨리 익는 강낭콩이다. 6월 감자를 캐기 전부터 따서 밥에 넣어 먹을 수 있다. 강낭콩 특유의 향이 나며 맛이 있다. 숙기가 빨라서 또 한 번 심어서 먹을 수도 있기에 '두벌콩'이라고도 한다. 강낭콩은 본래 덩굴로 자라는 덩굴강낭콩이 원종이며 키가 작은 강낭콩은 원종으로부터 분리되어 나온 것이다.

　김순애 할머니가 심어오신 토종채소는 조선시금치 한 가지뿐이다. 토종 수집을 하려고 많은 농가를 돌아보면 채소를 심는 농가들이 많지 않다. 곡식으로 지은 밥에 반찬으로는 주로 절인 음식을 많이 먹는 것 같다. 제철에 나는 채소류를 제대로 갖추어 심어 먹는 농가가 흔하지 않은 이유가 무엇인지 궁금하다. 배추, 무, 상추, 쑥갓 근대는 거의 종묘상에서 종자를 사다 심는다. 그래도 많이 심어 먹는 채소 중의 하나가 시금치이다. 재배되는 대부분의 시금치는 종자에 가시가 있는 가시시금치 – 뿔시금치, 조선시금치 – 이다. 김순애 할머니는 조선시금치가 맛이 좋아서 심어오셨단다. 잎이 길고 잎자루도 길며 수확기간도 짧지만 사오는 시금치와는 맛이 비교도 안 될 정도로 좋아서 계속 심으신단다. 봄가을로 심어서 솎아 먹다가 꽃대가 올라오기 시작하면 씨받을 것만 빼고 모두 수확하여 먹는단다. 해마다 씨를 충분히 받아 놓고 동리의 이웃이나 친지들에게 종자를 나누어 주어 이 동리의 씨앗 할머니 소리를 듣는단다. 부디 오래오래 사시면서 건강한 몸으로 토종을 잘 지켜주시길 빈다. 할머니가 떠나시는 날 지금까지 심어 오셨던 토종도 모두 함께 소멸될 수밖에 없어 아쉬움이 남는다.

212

봄철 스태미나를 살리는, '부추'

―

　추위가 가고 난 이른 봄 3~5월이면 부추가 제철이다. 부추는 기후에 적응성이 커서 전국적으로 어느 곳에서나 재배되며, 봄부터 가을까지 수확할 수 있는 좋은 채소이다. 지난해 화성시에서 로컬푸드에 내놓아 시민들에게 몸에 좋은 토종 유기농산물을 제공하기 위하여 시의 변두리에서 토종을 수집하였다. 화성시 우정면 운평길에서 대를 이어 살아왔다는 김종순(여, 당시 76세) 아주머님 댁에서 오랫동안 심어오신 여러 가지 토종종자를 수집하였다. 강낭콩, 개골팥, 들깨, 뿔시금치, 느레참깨, 토종오이, 녹두, 황파(대파), 꽃상추, 오글아욱, 쑥갓 등 11가지나 되는 많은 토종을 한 집에서 찾은 것이다. 돈도 별로 안 되는 토종을 지금까지 심어오셨기에 몇 번이고 고맙다는 말씀을 드리고 준비해 간 수건을 정표로 드리고 집을 나왔는데 마당 끝 텃밭에 좁은잎부추가 눈에 띄

었다. 배웅 나온 아주머니께 뒤돌아
물었다.

"아주머니, 이 부추는 언제부터
심으신 거예요?"

"시어머니 생존해 계실 적부터 심
었지요. 부추간장도 해 먹고, 부추
전도 부쳐 먹고, 여름이면 토종오이
따서 오이소백이도 하고, 김치에도
넣구요. 요즘 장에 나오는 부추보다
는 훨씬 연하고 맛도 좋아요."

화성의 김종순 할머니가
대물림하여 심어온 실부추

잎의 폭이 2~3mm 정도로 좁고 키도 작은 토종부추를 고
집스럽게 텃밭에 두어 평 남짓을 오래전부터 재배해 온 것이
다. 그도 그럴 것이 한 번 심어 짚재나 고운 퇴비거름을 덮어
주기만 하면 10년 이상을 한 자리에서 4월부터 10월까지 아
무 때고 자라서 찬거리가 떨어질 때면 언제든지 싱싱하고 맛
있는 새 부추를 수확할 수 있었던 것이다.

중국의 서부 및 북부 지방이 원산지인 부추라는 작물이 우
리나라에 들어와서 재배되기 시작한 것은 삼국시대일 것이
라고 추측되고 있으나, 언제인지를 확실히 아는 사람은 없는
것 같다. 부추는 동양에서도 중국, 한국 및 일본에서만 식용
으로 하고 있으며, 서양에서는 재배하지 않는다.

우리나라에는 토종부추 외에도 산에 나는 산부추와 산동

에서 이주해 온 중국 사람들과 함께 들어왔을 법한 잎이 넓고 키가 큰 중국부추, 영양 지방에 많이 나는 아주가는잎영양부추 등 몇 가지 종류의 부추가 있다.

부추

영양부추

우리나라에는 재래종 부추가 널리 재배되고 있으나 농가에서는 일반적으로 잎의 폭이 2~3mm로 좁은 토종 실부추를 재배하여 먹고 있다. 토종부추는 잎의 폭이 2~3mm 정도로 좁고 초장도 20~30cm 정도로 짧으며 연하고 향이 짙다. 꽃은 여름 고온, 장일 하에서 추대 개화하여 10월경이면 씨를 맺는다. 영양부추는 영양 지방에서 심었던 토종부추로 잎 폭이 2mm 정도로 좁고 부드럽다. 또 잎이 아삭아삭한 맛으로 유명하다. 토종부추 중에 경산수집종, 영주수집종 등도 잎이 좁다. 그 외에 밀양, 예천, 청송, 문경, 영일, 영덕, 청도, 안동 등에서 수집한 잎이 좁은 부추들이 있다.

야생종으로는 산부추, 몽고부추, 한라부추, 세모부추, 두메부추 등이 있다. 산부추는 강원도 및 경기도의 산지에 자생하는 여러해살이풀로 초장은 30~60cm이다. 잎의 단면은 삼각형이다. 풀에서 약한 마늘 냄새가 나고, 비늘줄기와 연한 식물체는 식용으로 한다. 산부추의 꽃은 붉은 자주색으로 7~9월에 피는데 송이가 많이 달린다.

참산부추는 전국 산속의 건조한 지형에서 자란다. 높이가 15~50cm 정도로 자라며 땅속에 비늘줄기가 있다. 참산부추는 9~11월에 줄기 끝에 우산형으로 홍자색의 꽃이 핀다. 꽃봉오리의 수가 적어 화려함이 덜한 산부추에 비해 봉오리가 많아 뚜렷한 공 모양을 유지한다.

두메부추는 잎이 뿌리에서 많이 나오고 길이 20~30cm, 너비 0.2~0.9cm로 살찐 부추잎 같다. 꽃은 8~9월에 산형꽃차례로 많이 핀다.

한라부추는 제주도 한라산의 표고 1,100m 이상, 전남 백운산 정상 부근에 자생한다. 높이 27cm이고 잎은 길이 10~20cm, 너비 2~3cm로 선형이다. 한라산 일원에 자생하므로 '한라부추'라고 한다. 식용도 가능하고, 고랭지의 지피식물로 이용하거나 초물분재로 감상한다. 한라부추의 꽃은 8~9월에 산형화서에 3~30개의 홍자색으로 핀다. 키가 작고 꽃의 관상가치가 높으므로 암석원의 바위 옆에 식재하면 좋다.

울릉부추는 울릉도에 자생하므로 울릉부추라고 하였다. 잎 폭이 10~15mm로 넓고 키는 30~40cm이다. 잎이 연하며 식용한다.

부추는 영양가가 높고 독특한 향미가 있으며 소화 작용

을 돕는다. 부추에는 자극적인 매운 성분인 유황화합물 프로필설파이드가 주체로서 그 성분의 하나가 알리신인데 이것이 비타민 B_1의 흡수를 크게 도와주며 자율신경을 자극하여 에너지 대사를 활발하게 해주기 때문에 몸에 냉증이 심할 때 혈액순환을 좋게 하며 따뜻해지게 한다. 그래서 《동의보감》에도 '부추는 인체 내의 열에너지를 돋우는 식품이요, 더운 성질을 갖고 있어 보온 효과가 뚜렷하다.'고 했다. 독특한 냄새가 나는 성분은 유화알릴이며 이것이 몸에 흡수되면 자율신경을 자극하여 에너지 대사를 활발하게 한다. 부추를 먹으면 몸이 따뜻해지는 것은 이 때문이다. 부추에는 나쁜 피를 배출하는 작용이 있어서 생리 양을 증가시키고 생리통을 없애주며, 빈혈 치료의 효과도 있다. 또한 부추를 먹으면 감기에 잘 안 걸릴 뿐만 아니라 설사나 복통에도 효과가 있다고 한다. 평상시에 계속 먹으면 중풍을 예방할 수 있다고 한다. 부추는 정장 작용을 하며 철분이 많아 혈액을 정상화하고 세포에 활력을 준다. 부추를 꾸준히 먹으면 위장 기능이 좋아지고 피부도 고와지는 등 온몸의 대사를 활발하게 하며 스태미나 증진에도 좋다. 또한 파, 마늘에 비해 월등히 많은 비타민 A를 함유하며, 비타민 B_2, 비타민 C도 많이 함유하고 있어 비타민의 보급원이며, 칼슘, 철 등의 영양소를 많이 함유하고 있는 녹황색 채소이다.

음식물에 체해 설사를 할 때 부추를 된장국에 넣어 끓여 먹으면 효력이 있으며 구토가 날 때 부추즙을 만들어 생강즙을 조금 타서 마시면 잘 멎는다. 산후통에도 감초와 함께 달여 먹으면 효험이 큰 것으로 알려져 있다. 밤에 잠을 자면서 식은땀을 흘리는 사람에게나 스태미나가 떨어진 사람에게는 부추즙이나 부추탕이 좋다.

부추는 생으로 만드는 부추무침, 오이소박이를 비롯하여 샐러드나 부추김치 외에도 여러 가지 한식 요리와 중국식 요리에 많이 이용된다. 부추로 김치를 담그면 잘 시어지지 않고 발효 후에도 부추의 은은한 향이 그대로 있어 입맛을 돋우는 밑반찬으로 아주 좋다. 부추는 봄철에 그 향이 좋아 양념이나 전에 많이 이용하며 부추장떡은 여름철 일손이 바쁠 때 미리 쪄서 말려 두었다가 밑반찬으로 먹기도 한다.

부추는 특히 위가 거북할 때 좋으며 변비, 설사, 냉증, 빈혈, 감기를 예방하는 데 효과적이다. 부추에 식초를 넣고 살짝 끓인 물을 따끈하게 해서 마시면 장이 약한 사람이나 배가 부글거리는 사람에게 좋다. 물론 생즙을 사과즙과 함께 섞어서 마셔도 좋다. 냉증이나 감기, 설사에는 몸을 따뜻하게 하는 부추죽이나 부추된장국이 좋고, 위가 거북할 때나 입덧에는 즙을 내어 우유나 꿀을 넣어 마시면 효과적이다. 부추는 혈액순환을 좋게 하여 오래된 피를 배출하는 작용이 있으며 타박상이나 동상, 지혈 등에 부추즙을 바르면 의외로 효과가 있다. 그러나 너무 많이 먹으면 설사를 할 우려도 있다. 특히 알레르기 체질인 사람은 많이 먹지 않는 것이 좋다고 한다.

명호면 삼동리의 '노랑상추'

—

경북 봉화군에서 토종을 수집하기 시작한 것은 2016년 10월 4일, 경북 지역은 화성과는 워낙 거리가 먼 곳이어서 짧은 기간 동안에 수집을 갈 엄두가 나지 않았지만 씨드림이 마침 국립농업유전자원센터와 관련되어 있는 농업유전자원 관리기관의 하나로 예산을 편성 받을 수 있어서 먼 곳이지만 수집할 수 있는 좋은 기회가 되었다.

봉화에서 토종을 수집하기 시작한 지 벌써 두 달이 지났다. 8차 수집 두 번째 날, 벌써 이곳 봉화는 매우 춥다. 아침 6시에 눈을 뜨니 밖에는 10cm나 되는 눈이 내려 온 세상을 하얗게 뒤덮고 있다. 신선한 아침이다. 평소 집에 있을 때였다면 나뭇가지에 쌓인 눈이며 장독대 위에 소복하게 쌓여 있는 눈을 보며 충분히 감상이나 시상에라도 젖어 있으련만 오늘은 그보다 걱정이 앞선다. 수집단이 해야 할 업무 특성상 눈이

잔뜩 쌓여 녹지도 않은 높고 낮은 험한 산속 눈길을 운전하여 깊숙이 위치하고 있는 동리 곳곳을 한 동리도 빼놓지 않고 찾아 들어가야 하는 어려움이 있기 때문이다.

수집단이 이 날 눈길을 헤치고 찾아 들어간 첫 마을은 봉화군 명호면 삼동리, 인삼포가 동리 앞에 펼쳐 있고 30여 가구가 살고 있는 넘마라고 불려온 양지바른 마을이다. 우선 토종을 보존하고 있음직한 집에 들러서 집의 추녀 밑이나 벽에, 아니면 대청 서까래 밑에 수수, 조, 옥수수 등 곡식의 이삭이나 씨앗 자루 등이 걸려 있는지를 살펴보는 것으로 토종종자 수집이 시작된다. 그런 증거물들이 있는 집엔 거의 틀림없이 토종종자를 보존하고 있을 확률이 높다.

"할머니 계세요?"를 몇 번이나 부르고 문을 두드려야 안에서 "뉘시유?" 하면서 한 할머님이 빼꼼히 방문을 여신다.

"저희들 토종종자를 찾아서 나왔는데요. 전부터 대물림해서 심어 오시던 곡식이나 채소가 있으신가요?" 하고 물으면 많은 경우 "요새는 장에 가서 다 사다 심으니 토종이 있나요." 하고 문을 닫는 게 보통이다. 하긴 요즈음은 곡식 종자는 물론이려니와 고추, 상추, 배추, 무, 갓, 시금치, 참외, 수박 등 대부분의 채소의 씨를 받지 않고 시장에서 씨앗도 아닌 모종을 사다 심는 것이 보통이다. 그렇지만 그냥 넘어갈 수 집단이 아니다.

"저기 걸려 있는 조는 언제부터 심으신 건데요?"

"아아, 작년부터 이웃에서 얻어다 심은 건데 씨 하려고 남겨 놓았지요.”

“전부터 이 마을에서 심던 건가요?”

“그럼요. 제가 어릴 적부터 늘 있던 건데 최근에 안 심다가 작년부터 다시 심었지요.”

“이름이 뭔가요?”

“그냥 ‘가지메조’라고 하던데요.”

이삭이 짧은 편으로 26cm 정도이고 몽둥이형이면서 작은 이삭가지가 긴 편이어서 ‘가지메조’라고 불렀다. 낱알은 황색으로 메조이다. 요즈음 시골에서는 젊은 측에 속하는 58세의 이순자 아주머님이 심어오셨다. 옛날에는 곡식이 귀하여 조를 밥, 떡, 조껍떼기술에 활용하고 조당수라고 하는 묽게 쑨 죽으로 끼니를 때우기도 했지만 환자의 회복식으로도 먹였단다. 요즈음에도 조밥이나, 조로 만든 떡, 조술 등을 해 먹는단다. 5월 중순에 씨를 뿌리면 걸지 않은 땅에서도 키가 140cm나 자라서 9월경이면 수확이 가능하단다.

그 다음으로 찾아간 댁은 높직한 언덕 위에 친환경 주택으로 흙벽돌집을 최근에 지으셨다는 같은 마을의 강순성(여, 당시 64세) 아주머님 댁이다. 아주머님이 오래 심어온 씨앗은 예쁜 예팥이다. 이팥으로도 불리는 팥의 한 종류이다. 팥 모양이 보통 팥보다 길다. 이팥은 덩굴성이어서 땅 위로 길게 뻗어 자라서 밭이나 논둑에 잘 심는다. 팥처럼 노랑꽃이 핀다. 예팥 중에는 껍질 색이 붉은 것, 흰 것, 연한 녹두색 등이 있는데 강순성 아주머님이 심어온 것은 붉은 빛이며 크기도 중간 정도로 크다.

특히 예팥은 단백질, 지방, 당질, 섬유질 및 비타민 B_1이 많이 함유되어 있다. 예팥은 떡이나 밥을 지어 먹기도 하지만 약팥이라고도 하는데 이뇨 작용, 해독 작용, 소염 작용을 하며 신장에도 좋다고 한다. 한방에서는 해열, 부종, 수종, 각기, 종기, 산 전후 진통, 이뇨, 임질 등에 약용으로 쓴다. 예팥이 보통 팥과 다른 큰 특징 중의 하나로 예팥은 다른 팥에는 많은 곤충인 팥바구미가 먹지를 않아서 보관이 쉽다. 껍질이 단단해서인지 아니면 예팥이 갖는 특수한 성분 때문인지는 아직 학계에서도 밝혀지지 않았다.

그 뒤로, 머지않은 곳인 언덕 위 양지쪽에 사시는 유은옥(여, 당시 92세) 할머님 댁을 방문했다. 연세가 많으신 할머님 홀로 사시는 집치고는 이렇게 깨끗이 정돈되어 있을 수 없다. 마침 밖에 나와 마당에 눈을 치우고 계시던 할머님이 수집단을 반가이 맞는다. 혼자 사시니 사람이 그리우셨던 게다. 지팡이에 의지는 하시지만 92세 노인치고는 정말 건강하시다. 우리 일행은 늘 해왔던 대로 "저희들 토종종자를 찾아서 나왔는데요. 전부터 대물림해서 심어 오시던 곡식이나 채소가 있으신가요?" 하고 여쭈니, "상추 말고는 없어요. 저 뒤로 돌아가면 층계 밑에 나 있었는데……." 하신다.

"어떤 건데요?" 하면서 부지런히 가르쳐 주시는 쪽으로 가 보았다. 거기엔 과연 겨울철임에도 양지쪽이라서 계단 사이와 밑에 뜨문뜨문 자라난 연한 녹둣빛을 띠는 어린 상추 몇 포기가 햇볕을 받으며 앙증스럽게 자라고 있었다. 지난 여름에 그 근처에 심었었는데 씨가 떨어져서 새로 나온 것이란다. 해마다 씨가 떨어져서 저절로 난단다.

"할머니, 상추 이름이 뭐예요?"

"노랑상추야."

그렇다. 이름을 잘 지으신 것 같다. 잎의 색이 어려서는 연한 노랑색에 가까운 연한 녹둣빛으로 자라다가 꽃필 무렵이 되면 연한 붉은 빛을 약간 띤단다. 잎이 동글어 쌈을 싸기에 좋고 잎에 주름이 조금 있는 치마상추의 한 종류이다.

댓돌 밑에 얼굴 내밀고 있는 어린 노랑상추

유은옥 할머니가 지켜온 명호면 노랑상추는
잎 모양이 동글고 주름이 있다.

"맛은 어때요?"

"여름에 잎을 따면 하얗게 진이 나고 달콤하고 아삭해."

"언제부터 심으셨어요?"

"맛이 좋으니까 평생 심었지. 여기서 5대째 살았어."

"자손들은요?"

"자식들은 다 밖에 나가 살아. 여름에 집에 오면 넓은 상춧잎에 밥 한 술 떠놓고 집에서 내가 담가 놓은 고추장, 된장으로 만들어 주는 장을 그 위에 없고 크게 싸서 잎이 터져라 크게 벌리고 쑤셔 넣고 먹는 모습만 봐도 난 배가 불러."

"할머니, 상추씨 좀 보여주세요."

할머니는 툇마루 뒤쪽 벽에 걸린 씨오쟁이에서 신문지 뭉치를 꺼내서 펼쳐 보인다. 상추씨다. 상추씨의 빛깔이 보통 여느 상추와는 사뭇 다르다. 대부분의 일반적인 상추의 씨앗은 은백색이거나, 짙은 흑갈색인데 노랑상추는 갈색이면서 씨가 큰 편이다. 또 꽃이 늦게 피는 편이어서 오랫동안 따 먹을 수 있단다.

수집단 일행은 할머님께 고맙다는 정표로 국립농업유전자원센터와 토종씨드림이 인쇄되어 있는 수건을 건네드리고 할머님이 오래오래 강령하시기를 기원하면서 다음 수집할 마을인 명호면 도천2리 죽마마을로 떠났다.

신문지에 싸인 노랑상추의 씨를 펴 보여주는
유은옥(여, 당시 92세) 할머니와 수집단원 김영미 님

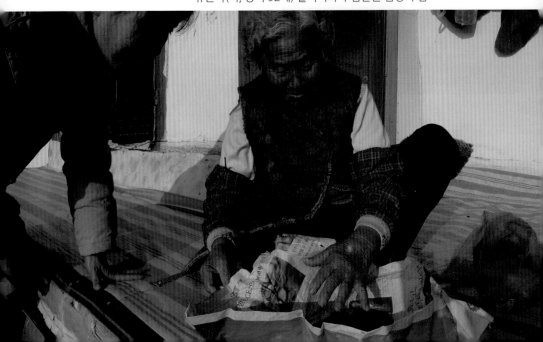

태백산 줄기가 고향인 대립콩, '금강태'

—

콩의 원산지는 만주를 포함하는 한반도이다. 이를 증명하듯이 한반도의 곳곳에서는 야생콩의 한 종류인 돌콩(Glycine soya)이 흔히 발견된다. 뿐만 아니라 돌콩이 농가가 재배하고 있는 콩(Glycine max)으로 진화하는 중간으로 볼 수 있는 반야생콩(Glysine gracilis)도 1974년 경기도 시흥, 강원도 인제 지방과 양구에서 발견되었다. 또 모든 생물의 원산지에서 흔히 나타나듯이 한반도는 세계에서도 가장 큰 콩 자원의 다양성을 보유하고 있다.

포항, 월성, 영덕 등의 동남부 지방에서는 알이 작은 콩나물 콩을 많이 심는다. 포항시 남구 장기면 죽정리 김병환 아주머니는 '검정납떼기콩'을 심고 있었다. 폭 3~4mm에 길이가 5~7mm 내외의 납작하고 갸름한 모양이다. 다름 아닌 반야생콩이다. 40여 년 전 시집와서 보니 그 이전부터 재배하고

225

있었다고 하였다. 덩굴이 뻗고 파란 색의 꽃이 피는데 늦게 심으면 덩굴이 거의 없고 보통 콩과 같이 많이 모여달린단다. 영덕군과 인근하고 있는 바로 북쪽의 영일군 달산면 봉산리 김학수(여, 당시 55세) 아주머니는 모양은 거의 검정납떼기콩과 같은 누런 고동색깔의 '납뜨레기콩'을 심고 있었다. 잎은 다소 좁고 작은 편인데 콩나물을 안치면 다른 나물콩보다 빨리 자라면서 콩나물이 아주 잘 되고 머리가 갸름하면서 작고 연하여 맛이 일품이어서 시장에 나가면 인기가 좋지만 워낙 소출이 적고 손이 가서 내다 파는 일은 거의 없단다.

납떼기콩이나 납뜨레기콩은 모양이 납작하다는 어원에서 나온 지방사투리로 납쪼레기콩(청송), 납드레콩(영일), 납작콩(경기도) 등으로 다양하게 불리는 반야생콩이다. 야생종인 돌콩이나 반야생종인 납뜨레기콩은 염색체수가 재배종인 보통 콩과 같아서 자유롭게 교잡이 가능하기 때문에 야생콩의 좋은 특성을 재배종 콩에 불러들이기가 쉬운 편이다.

우리나라 최초의 콩 박사라 불리는 권신한 박사는 1960년대에 국내에서 콩 재래종 3,000여 계통을 수집한 바 있으며, 미국이 1901~2004년 사이에 수집해 간 콩 재래종이 5,496계통이고 현재 일리노이 대학에 3,561계통이 보존되어 있다. 국립농업유전자원센터에는 고유 콩 재래종이 8,132점 보존되고 있다. 그만큼 한반도에는 예로부터 콩이 다양하고 많았다.

콩알의 색택이나 크기 또한 다양하다. 색택은 황백색, 갈색, 자주색, 연갈색, 연두색, 녹색, 수박색, 비둘기색, 검은색, 여러 가지 알록달록한 색 등 다양하다. 콩알의 크기 또한 다양하여 권신한 박사가 조사한 바로는 100립 중이 최대 44.8g, 최소 6.2g, 평균 22.2g이라고 하였는데, 필자가 2016년 봉화에서 수집한 결과로는 봉화수집종 IT189266은 100립 중이 가장 가벼운 6.9g이었으며 봉화에서 수집한 왕 콩은 100립 중이 47.7g으로 가장 무거우며 변이가 크다.

　우리나라에서 콩 품종을 개량하기 시작한 것은 1953년부터 충남농업기술원에서 교배육종이 시작되었고 그 이전에는 재래종 중에서 우량한 개체를 선발 증식하여 장려종으로 보급하였다. 1969년부터 '광교', '봉의'가 교배육종의 결과로 육종되었다. 1940년에 '강림'이 최초로 장려되기까지는 재래 품종인 토종콩만 재배되었다. 1952년 현재 '장단백목'이 거의 전국적으로 널리 충북·충남·전남·경북·경남에 장려되었고, 경기도에는 우량 품종으로 지정되어 재배되었다. '장단백목 29호'는 경기도에 장려되었다. '충북백'과 '충북황 1호'는 경기·충북·충남에 장려되었으며, 충남에는 '천안2호'·'백밤콩'·'백좀콩'·'백중' 등이 장려되었다. '장단종'은 전북에, '금강대립'·'금강소립'은 강원도에, 콩 품종 '익산'은 전북·전남·강원도에, '금두'·'의두'·'상두'·'경두'·'영양'·'부석'은 경북에, 경남에는 '울산'과 '함안' 품종이 각각 장려되었다. 당시에 장려 품종으로 혹은 우량 품종으로 심겨졌던 콩 품종들은 일본에서 도입한 두 품종을 제외하고는 모두 재래종에서 선발한 것들이었다.

특히 '금강대립'과 '금강소립'은 강원도에 장려되었다. 금강대립은 강원도 준양 지방에, 금강소립은 강원도 원주 지방에서 유래된 강원도산 콩 우량 품종이다. 강원도에서 수집된 토종 중에서 좋은 개체를 분리육종 방법으로 선발한 토종 품종이다. '금강대립'은 노란색 계통으로 극히 알이 굵고 질도 좋으며 수확량이 많다. 특히 두 품종 모두 콩이 다 여문 후에도 꼬투리가 잘 터지지 않아서 콩알이 많이 튀지 않는다. 1931년부터 강원도의 장려 품종으로 결정되어 1982년까지 오랫동안 장려되었다. 여무는 시기가 늦기 때문에 강원도의 단작지대에 적당하며 밀이나 보리와의 돌려짓기를 하는 남부나 평야지대에는 심지 않았다. 후에 콩 우량 품종 '강림'과 '삼남콩'의 교배 모본으로도 활용되었다.

내가 1985년부터 농촌진흥청에서 유전자원을 총괄한 후 32년 동안 '금강소립'은 볼 수 있었지만 '금강대립'이라는 콩의 이름을 드물게 문헌에서만 볼 수 있었다. 실물을 보려 했지만 종자은행의 리스트에도 빠져 있고 전국 어디에서고 찾아보려야 찾을 수도 없었다. 지난 2017년 10월 26일 경북 봉화로 토종수집을 떠난 세 번째 수집 둘째 날, 드디어 숙원이 이루어졌다. 봉화군 춘양면 여당리에서 몇 대를 살아오셨다는 유시월(여, 당시 79세) 할머니와 최봉서(남, 당시 79세) 할아버지 부부가 탈곡하고 있는 '금강태'를 찾은 것이다. 그것도 금강대립의 본래 고향인 강원도 태백산 줄기에서…….

"할머니! 이게 무슨 콩이에요?"

금강태 낟가리를 가리키는
유시월 할머니

고운 황백색을 띤 금강태

"금강태예요."

귀가 번쩍 띄었다.

"네? 금강태요?"

"언제부터 심으셨는데요?"

봉화 유시월(여, 당시 79세)
할머니가 심어온 금강태

"시집을 와 보니 시어머니께서 심고 계시던데요."

고운 황백색으로 배꼽색은 연한 황갈색이고, 동글다. 극히 대립종으로 100립 중 42.6g이나 된다. 당시의 감동을 무어라 표현할 길이 없다. 심장이 막 쿵쿵 뛰었다. 잠시 참았다가 다시 묻기 시작했다.

"왜 이 콩을 심으세요?"

"콩이 굵고 좋잖아요? 그리구 콩이 덜 튀어서 좋아요."

"주로 뭘 하세요?"

"뭐 메주 쑤고, 두부도 하고……. 콩 국물을 하면 맛이 좋지요."

씨앗을 분양받으려고 "저희들은 없어져

229

가는 토종종자를 수집하러 다니는데요. 콩을 씨앗하게 조금만 주시면 고맙겠습니다."라고 부탁 말씀을 드렸다.

"아직 수지(물건의 제일 먼저이거나 좋은 것)도 떼놓지 않았는데……."

"없어지기 전에 가져다가 증식해서 나눠 주기도 하고 잘 보존하려구요."

힘들게 지은 한 해 농산물이기에 고마운 마음으로 어렵게 두어 줌을 얻고 준비해 간 수건을 답례로 드리고 돌아섰다. 오늘은 정말 큰 수확이다. 원하는 것을 항상 잊지 않고 노력하면 언젠가는 이루어진다는 진리를 다시 한 번 깨우친 기회였다.

올챙이국수를 만드는
팔뚝만한 평창 '메옥수수'
—

　강원도에서 주로 먹는 곡식을 얘기하라면 경제가 발전하여 식량 걱정이 없는 지금에 와서도 가장 먼저 옥수수와 감자가 생각나게 마련이다. 강원도 평창·정선 하면 대부분이 산지이고 논을 찾아보기 힘들고 밭이라야 산비탈을 일궈 만든 비탈밭이 대부분이다. 전에는 높지 않은 산비탈에 불을 놓아 농사를 짓는 화전민이 많았다. 사정이 그러하니 '정선에 사는 여인네는 평생 쌀 한 말을 못 먹고 죽는다.'는 말이 나왔을 정도이다.

　감자를 가지고도 쪄 먹고, 구워 먹고, 밥 해먹고, 떡 해먹고, 조려서 반찬으로 먹고…… . 수없이 많은 종류의 음식을 만들어 먹지만 옥수수로도 많은 종류의 음식을 만들어 먹는다. 강원도에서는 아직 수확 전 덜 익은 옥수수를 삶아 먹고 때로는 구워 먹고, 다 영근 후에는 탈곡해서 강냉이도 튀기고, 맷돌에 반쯤 타서 강냉이밥도 한다. 또 옥수수를 갈아서 가루를 내어 나물범벅도 하고, 떡도 만들며, 강냉이술이나 엿도 만든다.

강원도 특유의 올챙이국수

올챙이국수(자료 사진 : 정선군 농업기술센터)

특히 정선이나 평창 지방에서는 옥수수로 올챙이국수를 만들어 먹는다. 올챙이국수는 올창묵이라고도 하는데 이는 국수의 모양이 갸름한 올챙이의 모양을 내기 때문이다. 옥수수 가루로 죽을 쑤어 올챙이 모양으로 국수발을 만들어 양념을 얹어서 먹는 이곳 특유의 음식이다. 옥수수를 맷돌에 갈아서 체로 친 다음 앙금을 가라앉혀서 가라앉은 앙금으로 죽을 잘 쒀서 바가지에 작은 구멍을 총총하게 내거나 틀을 만들어 얇은 철판을 대고 철판에 작은 구멍을 적당히 뚫어서 그 위에 옥수수죽을 넣고 찬물에 떨어뜨리면 옥수수죽이 끈기가 적어서 짧게 끊어지므로 찬물 속에서 올챙이 모양으로 면발이 풀어지지 않고 모양이 변하지 않는다. 옥수수죽은 충분히 익어야 풀어지지 않는데 덜 익으면 물에 풀어져서 물이 뿌옇게 된다. 찬물에 응고된 국수를 건져내어 진간장에 파, 마늘, 고춧가루, 참기름과 깨소금으로 만든 양념장을 얹어 먹는다. 여기에 여름철에는 잘 익은 열무김치를 곁들이면 메밀묵과 약간 비슷하면서도 구수한 맛이 일품이다. 이 음식은 소화가 너무 빨리 잘 되어 지역 노인들에게 인기가 있고 주로 간식으로 많이 먹었다.

근년에 와서는 음식이 다양해지고 그 종류도 많아져 올챙이국수를 만드는 시간과 과정이 복잡해서 많이 만들어 먹지는 않고, 정선이나 평창을 찾는 관광객에게 정선의 맛을 보여주기 위해서 만들거나 축제 때에 만들어 먹기도 한다.

할머니가 육종한 팔뚝만한 메옥수수

올챙이국수를 만드는 옥수수는 메옥수수여야 한다. 찰옥수수로는 올챙이 모양이 잘 되지 않기 때문이다. 강원도에서 오래 전부터 재배해 오던 메옥수수는 지금까지도 대를 물려 심어온 농가가 드물게 있다. 지금부터 20여 년 전 내가 평창에 토종종자를 수집하러 갔다가 처음 만났던 평창군 진부면 거문리 - 현지인들은 거커리라고 부른다 - 에서 평생을 살아오신 김춘기(여, 당시 84세) 할머니가 떠올라 전화를 걸어 보았다. 전화를 받으신 분이 바로 내가 궁금해 했던 할머니여서 반가워 여쭈었다.

"저 20여 년 전에 전부터 심어 오신 메옥수수 보려고 갔었고 3년 전에도 한번 찾아갔던 사람인데요. 혹시 생각나세요? 지금은 뭘 심으시나, 또 할머니 건강은 어떠신가 궁금해서 전화 드렸어요."라고 물으니 "정신이 왔다갔다해서 잘 몰라요. 농사도 아무것도 안 심는데요."라고 하신다. 60대 초에 처음 뵈었을 때에 할머님 댁 뒤뜰 처마 밑에 걸어 놓은 옥수수와 함께 환하게 웃으며 자랑스럽게 찍었던 빛바랜 오래된 사진을 보면서 세월의 무상함을 느낀다. 그때 할머니와 함께 찍힌 사진 속의 옥수수는 할머니가 평생 심어오면서 알게 모르게 해마다 큰 옥수수만 골라 심으면서 육종을 해왔던 옥수수였는데 그마저 없애셨나 보다. 3년 전만 해도 기억력도 좋고 꽤 여러 가지 토종을 심어 오셨는데……. 그 중 큰 옥수수는 길이가 무려 35cm에 옥수수 알이 한 줄에 48알씩 12줄이니 옥수수 한 자루에 무려 576알이 달려 있는 것이었다.

3년 전만 해도 할머님 댁을 방문하였을 때 10가지가 넘는 토종종자를 심고 계셨다. 물외라고도 부르는 토종오이는 어릴 적에는 가시가 약간 돋고 17cm 내외로 짤막하면서 약간 단맛이 나고 아삭한 씹히는 맛이 요즘 시판되는 오이와는 비교가 되지 않기에 집에서 먹으려고 계속 심으셨단다. 오이가 늙으면 28cm 내외로 자라서 더운 여름에 참기름을 넣고 집

김춘기 할머니(여, 61세 때)가 해마다
큰 옥수수만 골라 심으면서 육종을 해왔던 메옥수수

고추장에 썩썩 비비면 오이생채 맛이 그만이라고 하셨다. 헛간 위로 올라간 덩굴에 달린 고지박은 덜 굳었을 때 따서 박속나물을 해먹고 두었다가 다 늙으면 속을 파내고 삶아서 씨앗을 담아 걸어 놓는다고 하셨다. 청갓은 해마다 씨를 받지 않아도 그곳에 씨가 떨어져 다시 나와서 김장도 해 먹고 나물로도 무쳐먹는단다. 텃밭에 심은 수박 덩굴에는 아직 익지 않아 다 크지 않은 작은 수박들이 달려 있다.

호박은 참호박과 왕호박을 심으셨다. 참호박은 크지 않고 작은 편이었는데 평창이나 정선에서는 되호박이나 떡호박(단호박)이 아닌 보통 호박을 말한다. 되호박은 많이 달리고 어디서나 잘 되지만 맛이 적어서 젊은 호박으로는 된장찌개를 끓여 먹고 늙은 호박은 삶아 먹어왔지만 근년에는 많이 심지는 않는다. 왕호박은 크기가 커서 붙인 이름 같다. 맷돌짝만한 크기인데 늙혀서 아이 봤을 때 삶아 먹으면 산모의 부기를 빼는 데 아주 좋단다.

점점 사라져가는 노랑기장과 차조, 서리태

노랑기장은 숙기가 빠르고 기장밥이나, 술이나 떡을 해먹으면 좋은데 요즈음엔 밭에 곡식을 많이 심지 않아서 참새들이 모이면 남기지 않고 다 먹어치우니 심어서 거두기가 쉽지 않다고 하셨다. 이삭의 색깔이 누렇고 낟알을 깠을 때도 노란색을 띠어서 황차조라고 부르는 조는 강원도의 화전이나 밭에서 많이 재배하였지만 지금은 그 재배 면적이 줄어서 보기가 힘들다. 조는 예로부터 주독을 풀거나 배탈이 났을 때 조당수라 하여 죽을 쑤어 먹기도 하였고 조밥이나 술을 담아 먹기도 하였다.

우리나라 사람들은 식용 기름으로, 참기름과 들기름을 주로 많이 먹어왔는데 할머니도 예외는 아니어서 해마다 잊지 않고 들깨와 참깨를 심어오셨다. 또한 할머니는 밥에 두어 먹는 서리태와 두부를 하거나 메주를 쑤어서 장을 담그는 장콩으로 한아가리콩을 심어 오셨다. 한아가리콩은 콩알이 커서 한 입이나 될 것 같다는 데서 지어진 이름이란다.

평생을 심어오시던 여러 가지 토종들이 할머니 손을 떠난 지 엊그제이지만 우리 토종씨드림 수집단이 이미 수집하여 국립농업유전자원센터의 종자저장고에 영구보존하고 있으므로 다행스럽다. 다만 이 종자들이 할머니의 손에서 변하여 가는 기후와 환경에 맞도록 농가 현장에서 보존되지 못하는 아쉬움이 크다. 할머니께서 건강하셔서 오래오래 편히 사시기를 기원한다.

강화군 화도면 황언년 할머니의
토종 사랑

—

    강화도의 토종수집이 12주째로 막바지에 다다를 무렵, 화도면 수집 셋째 날이다. 수집단 일행은 오늘도 어김없이 7시에 숙소 로비에 집합하여 길바닥도 꽁꽁 얼어붙은 아직 어스레한 한겨울 새벽 해장국집을 찾아나섰다. 화도면은 유난히 전원주택이 많고 펜션이나 민박집이 많다. 기사식당에서 지도를 펴서 오늘 수집할 지역을 확인하고 뷔페 백반으로 아침 식사를 하고 이른 아침부터 토종을 찾아나섰다.

    첫째로 방문한 정순례(여, 당시 78세) 할머님 댁에서 기분 좋게 개파리동부를 찾았다. 오늘은 운이 좋으려나? 상아색 바탕에 진회색 잔 점이 많이 찍힌 크지 않은 콩팥 모양의 동부다. 시집왔을 때 시어머님이 심던 것이란다. 맛도 좋고 울타리에 심으면 꼬투리가 많이 달려서 몇 포기만 심어도 실컷 먹는단다. 풋것은 밥에 넣어 먹고 다 익어서 마른 동부는 갈

아서 쌀가루 조금 넣고 물을 부어 묽게 만들어 돼지고기 잘
게 썰어 넣고 익은 김치 길게 찢어 얹어 녹두전 비슷하게 부
치면 그 맛이 그만이란다.

정순례 할머님으로부터 길 건너에 있는 몇 년 전 새로 지
은 황언년(여, 당시 79세) 할머님과 한정식(남, 당시 79세)
할아버지 부부 댁이 수집단이 찾고 있던 집임을 알아냈다.
17년 전인 1998년 9월에 내가 처음 강화도에서 토종을 찾아
왔을 때 찾았던 집이어서 전에 보존하고 있던 토종종자를 지
금도 심고 있는지를 확인하고 싶었다.

17년만에 다시 찾은 황할머니 댁

"안녕하셨어요? 17년 전에 할머님 댁에 토종씨앗을 찾아
왔었는데요."

"글쎄, 오래 전 일이라 사람은 기억이 잘 나질 않는데 누가
씨앗을 찾아왔던 일은 조금 기억이 나요."

노부부가 우리 일행을 반갑게 맞아주신다. 새로 지은 집의
거실이 널찍하다. 마실 것부터 준비하려 하시자 우리는 바쁘
다는 핑계로 씨앗부터 보자고 부탁을 드렸다. 역시 토종을
갖고 계신 분들의 공통점(?)이라고 우리가 늘 생각하듯이 토
종을 여럿 갖고 계신 할머님들은 인심이 후덕하시고, 마음씨
가 고우시다.

툇마루 쪽에 있는 신발장에서 씨앗이 가득 들어 있는 뒤웅
박과 씨앗 자루들을 잔뜩 가지고 오셨다. 그리고는 다시 부

강화 화도면, 황언년 할머니

강화 화도면, 황언년 할머니의
보유 토종종자

억에서 참깨, 콩, 팥을 가지고 나오셨다. 대체로 할머니들은 현관에 있는 신발장에는 시금치, 갓, 상추 등과 같은 채소류나 꽃 씨앗을 넣어둔다. 참깨·들깨 등은 찬장 등 부엌에, 그리고 콩, 팥, 녹두, 수수 등과 같은 곡류의 종자는 광에 두는 것이 보통이다. 할머니가 꺼내온 뒤웅박 속에서는 예상했던 대로 청참외, 오이, 오글상추, 청호박, 15년도 더 받아 심었다는 뾰족토마토, 덩굴콩 두 가지, 여주, 검은나물콩, 뿔시금치, 잔대 등이 예쁘게 또박또박 쓰여진 이름과 채종년도가 네모지고 정연하게 잘려진 흰 종이쪽에 적혀 비닐봉지에 담겨진 채로 잔뜩 쏟아져 나왔다. 부엌으로 가서는 들깨·올참깨·녹두·팥을 가지고 오셨고, 또 광으로 가서는 나물콩·재팥·수수·개골동부·등티기콩을 가지고 나오셨다. 무려 20가지의 토종종자들이다. 깜짝 놀라지 않을 수 없는 숫자이다. 요즘의 개발된 품종에 비해서 수확량도 많이 낮을 텐데 오직 토종만을 심고 계시다. 대부분 시어머님이 살아 계실 적에 함께 심어왔던 종자들이기에 습관처럼 심어오셨단다. 무엇보다 토종은 지금의 개량종에 비하여 입맛에 맞고 맛이 좋아서, 결혼해서 분가해 나간 자식들이 왔을 때 먹이기 위해서란다.

강화군 화도면에서 5대째 살고 있는 청주한씨 댁으로 시집 온 지가 벌써 50년이 넘었다. 할아버지 4형제분이 이 동리에서 번족하게 사셨고, 아버님 3형제분이 사셨고, 그리고 황언년 할머니는 동갑내기인 한정식 할아버지와의 사이에서 아들만 3형제를 두었단다. 큰아들은 회사원인데 아들 둘을 두었고, 둘째는 아들 딸 남매를 두었으며 딸이 미국에 가서 산다. 셋째는 아들 딸 남매를 두고 근처에서 농사를 짓는단다, 동리 이장을 4년째 하고 있는 이 지역을 지키는 동량이라며 자랑하신다. 큰 다행이다 싶었다.

토종에 얽힌 할머니의 이야기

황언년 할머니는 우리에게 토종 하나하나에 대한 내력을 서슴없이 얘기해 주셨다. 청참외는 오래 전에 우연히 텃밭에서 한 포기가 자라서 열렸는데 익어도 파래서 익었는지도 모르고 지냈는데 하루는 집에서 기르는 개가 물어다 놓고 먹길래 맛이

20여 종의 토종을 보존해 오신 화도면의 황언년 할머니와 토종씨앗

240

청참외 씨앗

어떻길래 그럴까 하고 먹어봤더니 그 맛이 달고 좋아서 씨를
받아 심기 시작하였단다. 참외가 조금 긴 편으로 익으면 속
이 주홍빛이 나며 향이 좋다.

올참깨

　참깨는 네모깨인데 가지를 많이 치고 다른
집 참깨보다 숙기가 빠르고 순백색으로 시
장에 나가면 인기가 좋다. 키가 그리 크지는
않지만 거름을 많이 하면 가슴까지 자란단
다. 참기름이 많이 나고, 고소한 맛이 일품이어서
다른 깨는 심지 않는다.

　오이는 젊었을 때는 약간 백색을 띤다. 연하고 달콤
하면서 아삭한 맛이 요즘 시중에 나오는 오이와
는 맛의 차원이 다르다. 전에는 어린 오이를
따서 오이지로 많이 담아 먹었지만 요즈음은
오이소박이, 오이냉국을 만들어 먹으며 시원
한 여름을 보낸단다. 늙은 오이인 노각은 그야말로 오이
생채에는 그만이란다.

토종오이
씨앗

　청호박은 납작하고, 약간 골이 져 있으며, 과피가 청록색이
다. 잘 익으면 약간 누런색을 띠는 청록색이 된다. 속이 주홍
색을 띠며, 씨앗이 큰 편이다. 전부터 아이를 낳은 후에 부기
를 빼는 데는 청호박을 고아 먹는 것이 거의 상식이 되다시
피 되어 왔다. 할머니도 아이를 낳았을 때 시어머님이 해주
시는 청호박 고은 물은 드셨단다.

　아직도 지난 여름에 떨어진 씨가

청호박 씨앗

저절로 자란 하우스 한쪽을 가리키며 오
글상추 자랑을 하신다. 여름이면 늘 온 식
구들이 둘러앉아서 오글상추 뜯어다가 보
리밥 얹고 양념고추장에 한 쌈씩 크게 싸
서 먹던 생각이 나지만 지금은 내외뿐이
고 아이들이 모두 외지에 나가 있어 살아
가는 맛이 없다고 푸념하신다. 오글상추
는 오래 전부터 심어왔는데 잎이 넓은 편
으로 오글오글하고, 처음에 녹황색을 띠
다가 햇볕을 많이 받으면 빨갛게 변한단
다. 연하고 꽃이 피는 시기가 늦은 편이어
서 오랫동안 잎을 따먹을 수 있단다.

황언년 할머니 댁에서
오랫동안 심어온 토종오글상추

오글상추 씨앗

　하우스에 몇 포기 남아 있는 아욱은 강
화에서는 보기 힘든 토종으로 100년도 더 됐을 거란다. 잎이
작은 편이지만 거름을 많이 해서 연하게 자라면 키도 크고
잎도 크단다. 아욱은 특히 성숙한 씨앗이 저절로 떨어져서
해마다 그 근처 자리에서 나오므로 씨를 받는 데 신경을 쓰
지 않아도 해마다 수확해서 먹을 수가 있어 좋다고 하신다.

여성 농부이자 민간 육종가

15년도 넘게 뾰족한 모양만을 골라서 씨를 받
아 심어왔다는 토마토는 앞으로도 계속
씨를 받아 심을 작정이라신다. 역시

황언년 할머니 댁에서 오랫동안 심어온 토종
등티기콩은 밥에 넣어먹고 메주를 쑤거나
두부를 만들어 먹는다.

황언년 할머니는 여성 농부 육종가이시다. 해마다 원하는 같은 모양의 토마토를 선발하여 씨를 받아 심어왔기에 이제는 뾰족한 모양의 토마토로 고정이 된 것이며 이제 머지않아 강화에 적응되는 토마토가 될 것으로 보인다.

그 외에도 덩굴강낭콩, 여주, 검은나물콩, 재팥, 개골동부, 등티기콩, 차수수, 뿔시금치, 들깨 그리고 잔대 등 여러 가지 종자를 해마다 받아서 심어오고 계신 황언년 할머니는 그것도 부족해서 검은깨, 시금자 씨앗을 구해달라신다. 당연히 보내드리기로 약속했다. 누가 뭐래도 황언년 할머니는 분명 토종만을 사랑하는 토종바라기임에 틀림없다. 할머니가 농사를 더 할 수 없을 때 과연 저 여러 가지 토종을 아드님이 물려받아 보존해 갈 수 있을까? 나로서는 걱정이 앞선다. 어찌됐던 평생 여러 가지 토종을 지금까지 보존하여 오신 내외분께 감사하면서 늘 건강히 해로하시기를 바랄 뿐이다.

❶ 뾰족토마토 씨앗　　❷ 개골리동부 씨앗
❸ 아욱 씨앗　　　　　❹ 갓
❺ 작물의 씨앗 이름과 채종년도까지 꼼꼼히 기록해서 토종을 보존하고 있는
　화도면 흥왕리의 황언년(79세), 한정식(79세) 부부와 함께 촬영한 사진
　(왼쪽부터 수집단원 최복희, 저자, 황언년 할머님 부부, 양인자 수집단원)

243

상동리에서 만난 귀인
정옥현 토종할머니
—

강원도 횡성은 일찍이 2000년대 초부터 토종종자에 관심이 많았던 곳이다. 2005년 세계여성농민운동 조직의 하나인 비아캄파시나(여성 농민의 길)와 더불어 전국여성농민총연합이 종자주권운동을 펼쳐왔던 중심에 섰던 곳이기 때문이다. 실은 횡성과의 인연이 내가 토종에 더욱 큰 열정을 쏟아부을 수 있었던 계기가 되었던 것 같다. 그렇기에 어느 곳의 토종종자가 모두 중요하지 않은 곳이 없으련만 횡성은 더욱이 애착이 가고 토종을 찾아 보존하는 것을 돕고 싶던 차 횡성군 여성농민센터의 한영미 소장으로부터 연락을 받았다. 군청과 농업기술센터의 지원으로 마침내 소원이었던 군 일원의 토종종자 수집이 가능해졌다며 도움을 청해왔다.

횡성군의 1개 읍 8개 면에 산재해 있는 모든 마을에 대하여 빼놓지 않고 전수조사를 목표로 수집을 시작하였다. 「씨드림」에서는 나와 박영재 군, 그리고 각 면마다 지역과 농민을 안내하면서 기록과 농가 방문을 보조해 줄 수 있는 수집 대원 한두 명이 여성 농민들 중에서 차출되어 동참하였다. 횡성군 여성 농민들은 이미 수집에 대한 몇 시간의 교육을 받았기에 즐거운 마음으로 동참할 수 있었다.

횡성은 얼핏 생각하기엔 강원도 산골이라서 토종종자가 산골 구석구석 꽤나 남아 있을 것이라고 생각되지만 그와는 달리 토종을 찾아보기가 쉽지가 않았다. 역시 우리나라의 경제 발전과 토종의 농가 보존 여부는 상관관계를 갖는 듯했다. 논과 밭은 신품종으로 채워졌고 마당 끝의 텃밭은 이름도 희한한 외래 작물로 바뀌었다. 특히 횡성은 도로가 잘 만들어지고 교통수단이 발달하여 서울에서 두 시간 정도의 거리밖에 되지 않으니……. 그 산골짜기의 시원한 물소리와 폐부 속 깊은 곳까지 시원스레 확 뚫어주는 듯한 맑은 공기가 공해에 찌든 서울 시민을 내버려둘 리 없다. 역시 풍광 좋고 깊숙한 푸른 숲이 있는 곳은 어딜 가나 펜션이나 위락시설들이 자리를 잡았다.

그래도 오래 전부터 터를 잡고 앉은 동리 곳곳의 농가에서는 우리를 기다리지는 않지만 어렵사리 찾아서 물으면 대물림해 온 차조며 수수, 콩, 강낭콩을 내놓으신다. 밭에서 좋은 열매를 따 모아서 종자를 받고 갈무리했다가 이른 봄이면 어김없이 꺼내어 씨뿌림을 하는 것은 99%가 여성 농민이다. 그래서 여성 농민을 육종가라고 하는 것이다. 여성 농민 중에서도 환갑을 넘어서 팔순이 될 정도의 연세가 지긋한 분들이라야 한다. 마을길을 걸으며 뉘댁에 토종종자가 있을까…… 이 집 저 집을 기웃거리다가 혹은 길을 걷다가 나이가 지긋한 할머니를 보면 그렇게 반가울 수가 없다. 달려가서 붙잡고 묻는다.

"군청에서 토종종자를 조사하러 나왔는데요. 할머니께서 오래 전부터 씨를 받아서 심어오시던 곡식이나 채소 종자가 있으면 좀 보여주세요! 왜, 시장에서 사다 심으시거나 면에서 나온 종자 말고요. 시집오셔서 시어머님 때부터 대물림해서 심으시던 거요?"

토종종자를 갖고 계신 할머니들은 대부분이 뭐하는 데 쓰려고 그러냐면서 장독에 넣어두신 것, 자루에 넣어둔 콩이며, 팥, 찬장에 넣어둔 참깨, 신발장 속에 넣어두었던 호박씨며 상추씨를 꺼내 보여주신다. 씨앗을 어디 한 군데 모아서 보관하면 찾아 쓰기도 좋으련만 나름대로 넣어 두는 데가 따로 있다. 씨앗을 여기저기 보관하다 보면 찾지 못해서 씨를 지울 수도 있겠다 싶지만 그런 일은 거의 일어나지 않는단다.

우리나라는 국토가 그리 넓은 나라는 아니지만 전국의 이곳저곳에 가서 토종종자를 찾아다니다 보면 생각보다 넓다는 것을 알 수 있다. 그래서 지역마다 재배하는 작물이 다르고 어느 지역에는 잘 되는데 또 다른 지역에서는 찾아볼 수 없는 경우도 많다. 강원도 하면 "감자바위"란 말이 떠오르고 경상도는 "보리문둥이"라는 말이 떠오른다. 강원도에는 감

자·옥수수·굵은 메주콩·팥이 많이 나고, 경상도에는 겉보리·
덩굴강낭콩을 많이 심고, 전라도에는 쌀보리·녹두를 많이 심
는다. 경기도나 충청도에는 굵지 않은 메주콩과 키 작은 강
낭콩과 팥을 많이 심는다. 이렇듯이 지역에 따라서 많이 심
는 작물도 다르고 이에 따른 음식문화도 차이가 나게 마련
이다. 역시 횡성에서는 집집마다 대부분 팥은 있는데 녹두는
보이질 않는다.

　횡성군에서 토종종자 수집을 시작한 둘째 날, 공근면 상동
리의 정옥현(여, 당시 81세) 할머니 댁에서 대박이 났다. 공
근면 소재지에서 북쪽으로 406번길을 4km 정도 올라가면
상동리에 다다르고 상동리 삼층석탑을 지나 조금 더 가면 오
른쪽 남향 산자락에 400여 년이나 된 허름해 보이는 고택에
5대째 60여 년을 정옥현 할머니가 홀로 살고 계신다. 시아주
버니는 강원도 교육감을 지내셨고 두 아들과 세 딸을 여기서
모두 키우셨단다. 이 집에서 대학생이 넷이나 나왔다니 얼마

횡성의 정옥현(여, 당시 81세) 할머니와 씨앗 창고

횡성의 정옥현(여, 당시 81세) 할머니가
보존하고 있는 토종씨앗

씨앗을 밑지지 않으려고
해마다 조금씩 심는다는 메밀

나 많은 고생을 하셨을까 싶다. 할아버지는 몇 해 전 돌아가
시고, 큰아드님은 군청에 근무하고 다른 자손들은 모두 외지
로 내보내시고 지금은 홀로 사신단다. 늙어가는 인생살이의
모습이 남의 일 같이 느껴지지 않는다.

명문대가의 할머니 집은 토종씨앗의 보고

할머니는 명문가의 큰며느리답게 놀랄 만한 여러 가지 토
종종자를 하나도 버리지 않고 대를 물려서 심고 있었다. 시
어머님에게 물려받은 씨앗을 밑지지 않으려고 해마다 조금
씩 심는다는 메밀을 비롯해서 약콩으로나 나물콩으로 심는
다는 쥐눈이콩, 메주를 쑤면 맛이 좋고 메주가 잘 된다는 눈
깔사탕 크기의 한아가리콩, 밥밑콩으로는 제일 맛이 좋다
는 속이 파란 올서리태, 키가 작아서 감자밭 고랑에 심는다
는 감자밭콩(강낭콩), 떡고물이나 밥에 넣어 먹으면 고소한
맛의 광정이(어금니동부), 강원도에서는 보기 힘든 녹두, 떡
고물 맛이 제일이라는 잔가래팥(재팥), 잘 익은 앵두처럼 붉
고 동그란 앵두팥, 보기 힘들고 삶아도 무르지 않는다는 붉
은 색의 덩굴성인 특이한 연구재료인 돌팥도 있고, 채소작물
중에는 겨울에 추위에 얼어 죽지 않고 머리가 굵은 대파, 잎
에 결각이 깊고 단맛이 좋다는 뿔시금치, 김장에 꼭 넣는다

는 쪽파, 마늘, 울타리 옆에 심는 달래, 더덕, 취나물 등 산채류와 새까만 색깔의 시금자깨, 늦참깨, 잘지만 고소한 맛이 진하고 기름이 많이 난다는 늦들깨와 손주들이 방학해서 오면 튀겨준다는 쥐이빨옥수수 등 보이는 토종종자만 스무 가지가 넘었다. 하루 종일을 찾아 헤매도 다 찾을 수 없을 정도의 여러 가지 토종을 혼자서 보존 하고 계신다. 눈물이 날 정도로 고마움을 느꼈다.

할머니가 지금 심고 보존하고 있는 저 씨앗들은 아마도 할머니께서 할아버지 곁으로 가시는 날 할머니와 함께 그 명을 다 하리라고 여겨져 씁쓸하다. 저 씨앗들은 이제 그리 오래지 않아 할머니의 손을 떠나면 강원도 횡성군 공근면 상동의 환경에 적응되는 진화를 끝으로 지금 우리가 수집해 가는 한 주먹의 씨앗이 국립농업유전자원센터의 −18℃의 차디찬 종자저장고 속에서 다시 찾아줄 연구원을 기다리며 잠시 동안 잠들 것이다.

횡성군에서 3개월에 걸쳐 조사·수집한 토종씨앗들은 주관하는 토종 증식과 활용을 위한 전시포에 심겨지고, 토종씨드림에서 증식하여 매년 귀농하는 많은 농가에 나눠줌으로써 '1농가 1토종 갖기 운동'에 일조할 수 있다. 또한, 횡성군 여성농업인센터에서 각지에 배달되고 있는 꾸러미사업에 적극 활용됨으로써 토종이 지속적으로 잘 보존되는 한편 꾸러미를 이용하는 많은 도시민들의 건강에도 크게 기여 하리라고 믿겨져 보람을 느낀다.

❶ 쥐눈이콩

❷ 올서리태

❸ 덩굴강낭콩

❹ 어금니동부

❺ 금계녹두

❻ 횡성 잔가래팥

❼ 앵두팥

❽ 횡성 적돌팥

❾ 대파

❿ 쪽파

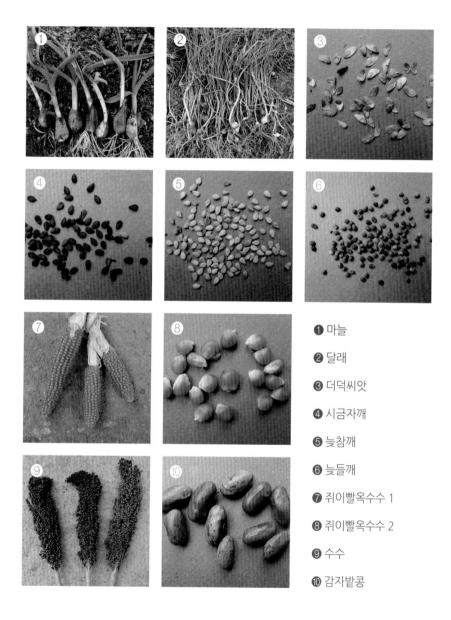

❶ 마늘

❷ 달래

❸ 더덕씨앗

❹ 시금자깨

❺ 늦참깨

❻ 늦들깨

❼ 쥐이빨옥수수 1

❽ 쥐이빨옥수수 2

❾ 수수

❿ 감자밭콩

완주 이달막 할머니의 토종 사랑

—

구름 한 점 없이 맑고 쓸쓸한 날씨였던 11월 중순, 토종적 상추 위에 서리가 하얗게 덮인 채로 우리 씨드림 토종수집단을 반겼다. 완주군 용진면에서 대대로 살아왔다는 유완근(남, 당시 74세) 할아버지와 이달막(여, 당시 71세) 할머니가 한참 메주를 쑤면서 의아스런 눈빛으로 우리를 맞았다. 9대째를 이곳에서 살아온 문화유씨 21대손으로 유완근 할아버지는 이 동리 경로당 회장이란다. 군청과 원광대학교의 협조로 토종종자를 조사하려고 왔다는 설명을 듣고는 곧 얼굴에 화색을 띠었다. 그도 그럴 것이 이달막 할머님 댁에는 벼를 빼고는 대부분의 작물이 대를 이어서 심어오던 토종들이었기 때문이었다.

내부분의 할머니들은 "씨앗을 바꾸지 잃고 대물림해서 심고 있는 콩이나 팥이나 시금치 그런 것 있으신가요?"라고 물

252

으면 "요새 다 바꿔서 심지 그전 거 누가 심나? 그전 건 잘 안
돼서……."라고 답하는 것이 보통이다. 스물셋에 결혼해서 1
남5녀를 둔 할머니는 자식들 키우랴 농삿일하랴 힘들고 바쁜
세월이 언제 지났는지 모르게 흘러가 버렸지만 지금은 집을
나가 잘 살고 있는 자식들 보람으로 살면서 해마다 농사지어
자식들 챙겨주는 맛으로 살아가는 것 같다고 푸념 비슷이 말
하셨다. 그래도 활달한 성격에 편히 살아가시는 모습이다.

할아버지 때부터 심어왔다는 메주콩

메주를 쑤고 있는 유완근(남, 당시 74세) 할아버지와
이달막(여, 당시 71세) 할머니

팔모깨와 시금자깨, 메주콩……

결혼하고 나서 친정에 갔다가 어머니에게 받아온 적상추
는 벌써 40여 년이나 되었단다.

"어머니가 챙겨주신 씨앗이라 상추쌈을 먹을 때면 어머님
생각이 나고 늘 소중하게 여겨져서 더 맛있고, 씨를 간직하
게 되지요."라면서 상추 자랑을 하신다.

잎이 붉은 빛을 띠고 약간 오글오글하며 조금 길쭉한 편인

이 적상추는 봄에 씨를 뿌리면 여름에 수확을 하고 가을에 뿌리면 추운 겨울을 지나 봄에 일찍부터 먹을 수 있단다. 잎을 따내면 그 자리에서 하얀 진이 많이 나고 쌉싸름한 그 맛이 좋단다. 다만 꽃대가 빨리 나오는 편이어서 먹을 수 있는 기간이 짧은 게 흠이긴 하지만 장마 전에 꽃이 피어 씨를 맺게 되니 씨를 받기가 쉬워서 씨를 밑질 이유가 없어서 좋단다.

적상추

상추가 심겨진 뒤뜰 텃밭에는 시금치가 함께 자라고 있다. 이 조선시금치는 잎에 결각이 적은 편으로 둥근 씨가 뿔 달린 씨보다 많이 섞여 있다. 시금치 뿔에 찔리는 게 싫어서 매년 둥근 씨를 골라 심은 결과라고 한다. 역시나 할머니가 육종가나 다름

둥근 씨 조선시금치

없다. 이 시금치도 친정에서 상추와 아욱과 함께 가져왔다고 하신다. 요즘 시금치보다도 달고 연하고 맛이 좋아서 늘 심어 먹는단다. 아욱은 여름작물이어서 서리를 맞아 이미 잎이 모두 시들었다. 담 밑에 서리를 맞지 않은 아욱 잎은 작고, 동근 편으로 연하게 생겼다. 줄기는 녹색을 띠었다. 아욱국 특유의 미끈함이 적고, 담백해서 쌀뜨물에 된장 풀고 조선간장을 조금 넣고 끓이면 "가을 아욱국은 문 걸어 잠그고 먹는

다.”고 하시면서 맛 자랑을 하신다. 또 상추 씨앗을 찾는 사람들에게 나누어 주려고 받아놓았다면서 씨앗을 나누어 주신다. 시골에서 아욱은 한 번 심어 놓으면 키가 크게 자란 줄기에서 씨앗이 많이 달려서 떨어지므로 다음해에 또 뿌리지 않아도 다시 그 근처에서 싹이 터서 나오므로 씨를 받아 놓는 일이 별로 흔하지 않다.

이달막 할머니가 주먹만한
토종마늘을 자랑하고 있다.

무주에서 20여 년 전에 사다 심기 시작했다는 마늘은 대부분의 토종마늘 특유의 특성처럼 많이 맵지 않고 향이 좋다. ‘여섯쪽마늘’인데 경우에 따라서는 여덟 쪽이 되기도 하는 한지형인 가을마늘이다. 아들딸들 오면 주려고 한 접씩 두름을 엮어서 창고의 서까래에 죽 걸어 놓았다.

할머니는 끓는 메주콩 솥을 저으면서 할아버지 때부터 대물림하였다는 메주콩 자랑을 하신다. 콩 알이 크고 황백색으로 둥글다. 콩 눈은 희다. 소출이 많지는 않지만 할아버지께서 심던 콩이라서 전통 있는 콩이라 의미가 있단다. 김이 무럭무럭 나는 다 삶은 콩 맛이 달고 고소하면서 그 구수한 맛이 정말 좋다.

“뭐 또 다른 건 없으세요? 참깨나 들깨 같은 거요?”라는 말이 떨어지기가 무섭게 “있지요, 참깨하구 시금자깨도 있지요.” 하면서 부엌 쪽으로 가시더니 종그래기 바가지에 흰참깨

255

팔모깨(왼쪽)와 시금자깨(오른쪽)

와 시금자깨를 퍼가지고 나오신다.

"이건 팔모깨구 이건 시금자깨라 구 혀."

황백색의 팔모깨는 꼬투리가 짧은 편으로 깨가 들어 있는 방의 수가 8 방이어서 보통 깨의 두 배이므로 수량이 많고 한 마디에 꼬투리가 세 개 씩 달리고 참기름도 많이 나는 대신 참깨는 다소 작다. 또 시금자깨도 팔 모깨처럼 방의 수가 8방이거나 6방 이고 한 마디에 한 꼬투리씩 달린다. 시금자깨는 짙은 검은 빛으로 음식 에 뿌려서 색깔을 예쁘게 하거나 떡 고물에 쓰기도 한단다.

팔모깨(왼쪽)와 시금자깨(오른쪽) 꼬투리

시금자깨

속이 희고 콩알이 아주 작은 주녀리콩

아직도 보여줄 것이 있다면서 할머니는 이번엔 광 쪽으로 가시더니 양재기에 주녀리콩을 퍼 오셨다. 그리고 한쪽 손엔 서리태를 퍼서 들고 오셨다. 할머니들은 씨앗을 갈무리하는 장소가 작물의 종류에 따라서 다른 것이 보통이다. 참깨는 부엌 쪽에, 콩·팥·녹두는 광에, 시금치·갓 씨·옥수수 등은 비 닐 자루나 양파 망에 넣어 추녀 밑 기둥의 못에, 꽃씨는 신문 지나 약봉지에 싸서 신발장 근처에 두는 것이 보통이다. 지

256

이달막 할머니가 심고 있는 주녀리콩

녹두

금 가져다 보여주시는 주녀리콩은 속이 희고 콩 알이 아주 작다. 콩나물을 길러 먹기 위한 콩이다. 콩이 많이 달리고, 콩나물을 안치면 썩지 않고 양이 많이 나므로 오래 전부터 심어 오던 콩이란다.

농가에서 재배하고 있는 콩은 용도로 보아서 크게 세 가지로 나뉜다. 우선 메주나 두부를 해 먹기 위한 메주콩이 있고, 밥을 할 때 함께 넣는 밥밑콩과 콩나물을 기를 때 쓰는 나물콩이다. 메주콩은 콩이 대체로 크고, 희며, 단백질 함량이 높아서 장맛이 좋고, 두부가 많이 난다. 밥밑콩은 콩이 크고, 당질 함량이 높아서 밥을 하면 달고, 잘 무른다. 나물콩은 잘아서 콩나물이 많이 나고, 콩나물 머리가 작으며, 콩나물을 기를 때 싹이 고르게 잘 나고 썩지 않는다. 본래 콩은 한반도가 원산지이다. 우리 선조들은 고기가 많지 않은 한반도에서 콩을 고기를 대신하여 밭에서 나는 쇠고기로 여기며 많이 먹어왔다.

서리태는 전국 어디에서나 가장 흔히 볼 수 있는 밥밑콩의 하나다. 이달막 할머니도 예외는 아니어서 오래 전부터 서리태를 심어왔단다. 콩알이 크고 타원형으로 납작하며 검고 표면에는 뿌연 백분이 있다. 속은 예쁜 연두색이다. 숙기가 워

257

서리태

낙 늦어서 서리가 내려야 수확을 하게
되므로 그 이름도 서리태라 했다.

그 외에도 할머니가 심고 있는 토종
작물이 또 있다. 향이 좋고, 저장성이 뛰
어난 토종생강은 할머니가 반찬을 만들
때 없어서는 안 되기에 어머니로부터 대물림하여 심고 있다.
또, 초가을 이른 벼를 베어서 햅쌀밥을 할 때 빠질 수 없는 굼
뱅이동부도 있다. 굼뱅이동부는 어금니처럼 생긴 어금니동
부와 색깔이 비슷한 살구빛으로 약간 길쭉해 보이는 동부이
며 완전히 성숙하여 마르기 전에 따서 밥에 넣으면 고소하고
달콤하며 파삭한 맛이 반찬이 없어도 밥을 먹을 수 있다고
할 정도로 일품이다.

이달막 할머니와 토종 이야기를 나누며 토종을 수집하는
재미에 푹 빠져 있는 동안, 그 동안 토종수집 여행으로 피로
해서인지 코피가 터진 줄도, 발병이 난 데가 아픈 것도 잊었
다. 그토록 토종을 좋아하시는 할머니들이 시골을 지키고 있
는 한 토종은 우리 곁을 오랫동안 떠나지 않을 것으로 보였
다. 그러나 이달막 할머니와 같은 분들이 우리의 곁을 떠나
시게 되는 날 지금껏 할머니의 곁에 함께하고 있던 토종들도
그 운명을 같이 할 수밖에 없기에 그 전에 부지런히 토종을
수집하여야겠노라 마음을 다짐하였다. 쓸쓸한 마음으로 오
래 건강하시기를 빌면서 할머니와 작별을 하는 마음이 가볍
지만은 않았다.

가보처럼 간직한 보다콩과 여우꼬리조

—

강원 정선군에서 2박3일씩 9회차 토종종자 수집을 마치기 직전 날, 그것도 해가 떨어지기 얼마 전, 수집단원 모두가 힘이 빠져 지쳐서 정선군 신동면 매화동길의 산기슭 외떨어져 있는 집을 마지막 목표로 찾아 들어갔다.

"안에 누가 계세요? 아무도 안계세요?"

소리쳐 불러 봐도 대답이 없다. 맥이 빠져 돌아서려는 참인데 부엌 뒤 고추밭 쪽에서 인기척이 났다.

"뉘신가요?"

"예, 토종수집단인데요. 종자 사다 심지 않고 전부터 씨를 받아서 심으시는 게 있으신가 해서요."

할머니의 표정은 사람은 반갑지만 일이 바쁘시다는 모습이다. 마당에는 조, 수수, 팥 등 이것저것 타작해서 말리고 있는 농작물들이 보인다.

"할머니! 이 조는 무슨 조예요?"

"청절미차조예요."

"언제부터 심으셨어요?"

"4월 달에 심었지요."

"아니, 할머니 몇 살 때부터 심으셨냐구요?"

"시집와서 시어머니한테 물려 받아서 심는 거지요."

언제부터 심으셨냐는 질문에 쉽게 들을 수 있는 대답이다.

뽀얀 고투리가 인상적인 보다콩

"그때부터 심어 오신 다른 거 있으면 보여주세요."

할머니는 바쁘다 하시면서도 광으로 가시더니 흰콩을 한 바가지 퍼서 들고 나오셨다. 그리고는 그 콩이 '보다콩'이란다. 그 이름의 내력은 알 수 없지만 노인네들이 그렇게 불러 왔으니 그대로 따라 부른단다. 그러면서도 혹시 보한(뽀얀) 꼬투리가 많이 달린다는 뜻이 아니겠냐고 하신다. 실제로 보다콩이 키가 60cm 내외면서 콩꼬투리에 뽀얀 잔털이 많이 나서 보다콩이라고 불렀는지 모를 일이다. 부모님이 물려주신 건데 맛도 좋지만 한번 잃어버리면 다시는 어디서도 구하지 못할 것 같아서 해마다 심는단다.

보다콩은 조금 작은 단타원형으로 눈은 희고 콩의 색은 황백색이다. 10월 하순에 수확을 하면 옛날 콩으로는 수량이 많이 나지만 요즈음의 개량종보다는 수확량이 떨어진단다. 부모님이 물려주신 데다 메주를 쑤거나, 두부를 만들어도 요

보다콩   꼬투리가 뽀얀 털로 뒤덮인 털북숭이 보다콩

즈음 것보다 맛이 더 좋고 콩 알이 작은 편이어서 콩나물도
길러 먹을 수 있어서 좋단다.

6대째 잇는 노부부의 토종 사랑

이곳에서 6대째 살고 있다는 김칠성(여, 당시 69세) 할머
니와 장석용(남, 당시 70세) 할아버지는 보기 드문 효자·효부
이시다. 지금 세대에 부모님의 묘소를 마당 끝에 모시고 사
는 사람을 흔히 볼 수 없기 때문이다. 형님이 산을 팔아 버린
바람에 부모님의 묘소를 남의 산에 둘 수 없어서 집 앞마당
끝에 모시게 되었다는 사연이다. 늘 묘소를 보면서 부모님을
생각하게 되고 마음이 든든해서 부모님을 가까이 모시게 된
이후로 일들이 더 잘 풀리고 형제 간이나 자손들도 잘 되어
서 집안이 화목하다 하신다. 4만 여 평이나 되는 많은 농사를
사람을 조금 쓰기는 해도 내외가 다 지으려니 힘듦직도 하지
만 머지않은 곳에 사는 막내의 도움도 받으며 잘 짓는 것도
부모님의 음덕이라신다.

밭에서 일하시다가 우리 일행이 집에 들어온 것을 보고 따라 들어오신 할아버지가 보여줄 것이 있다며 헛간 쪽으로 가신다. 거기에는 몇 가지 금년에 씨앗으로 쓰고 남은 이런저런 이삭들이 걸려 있었다. 황메조, 여우꼬리차조, 청절미차조, 장목수수, 노랑차조, 메옥수수 등 조 4가지와 바가지를 만들어 걸어 놓은 뒤웅박과 조롱박 등이다. 이것들이 모두 토종이란다. 대부분이 부모님들이 생존해 계실 때부터 심어오던 것들이란다.

광 속에 있는 여러 가지 종자를
수집단에게 보여주고 있는
장석용 할아버지

왼쪽부터 노랑차조, 황메조, 청정미차조, 여우꼬리조

황메조·조선오이·메옥수수 등……

밭에 나가서 지금 익어가는 이 모든 작물들을 직접 확인

해 보았는데 황메조(노랑메조)는 키가 130cm는 되고, 이삭의 길이가 24cm×굵기 2.5cm 정도이며, 끝이 뾰족하고 가는 편으로 원추형이다. 노랑차조는 키가 150cm 정도로 크며 이

삭도 27cm 정도로 길고 지름 3.5cm으로 굵다. 이삭은 끝이 뭉툭한 원통형이다. 여우꼬리조는 차조인데 키는 120cm, 이삭은 길이 20cm×굵기 3cm 정도이다. 적갈색 까락이 긴 편이며 수형이 방추형으로 곧바로 여우의 꼬리를 연상하게 한다. 청절미차조는 원통형 이삭으로 약간 적갈색을 띤다. 키가 150cm 정도로 큰 편이며 이

노랑차조

삭의 길이는 22cm×굵기 3cm 정도이다. 조를 찧으면 연한 녹색이어서 청절미차조라고 부른다.

조선오이는 12~14cm 정도의 크기로 달콤하면서도 사각

사각하는 씹히는 맛이 좋으며 예전에는 오이지를 많이 담아 먹었단다. 오이가 늙으면 25cm 정도로 커지고 한여름 오이생채를 만들어 보리밥에 고추장 넣고 들기름 한 숟갈 넣어 썩썩 비비면 밥 한 그릇 뚝딱이란다.

메옥수수는 옛날부터 강원도에서는 올챙이국수를 만들어 먹거나 쪄서

노랑메옥수수

먹는 등 중요한 주식의 하나로 심어왔
지만 근래에 와서는 닭 기르고 소 먹
이는 데 사료용으로 심는다. 길이가
20cm 정도로 길고 투명한 흰색이어
서 뿌연 불투명의 흰색의 찰옥수수와
는 쉽게 구별이 된다.

겉이 검은 청록색이며 타원형으로
높이 17cm인 단호박은 손주들이 올
때 쪄서 먹이려고 해마다 심는단다.

단호박

헛간 지붕 위에는 높이 28cm, 폭 30cm 정도인 뒤웅박이 주
렁주렁 열려서 익어가고 있다. 조밭 근처 개울둑에 심겨진
호박덩굴에 참호박이 여러 개 달려 있다. 전에는 며느리가
아이를 낳았을 때 호박의 위쪽을 도려내고 속을 파낸 다음에
밤, 대추 넣고 꿀을 좀 부어서 가마솥에 푹 고아 먹이면 산후
부기를 빼는 데는 그만이었단다. 전부터 여름이면 즐겨 국을
끓여 먹던 잎이 넓지 않은 토종아욱도 텃밭 아래서 자라고
있었다.

바쁘시다던 할머니가 할아버지와 얘기를 나누는 우리에게
커피를 타 내오셨다. 시골 인심이 다 그런 건 아닌데 할머니
의 마음 씀씀이가 역시 후덕하시다. 많이 보아왔지만 토종을
많이 재배하고 있는 사람들은 동리에서도 대대로 그곳에서
살아왔으면서 옛집을 고수하고 살고 있는 댁인 경우가 많다.

아마도 이런 대가에서는 예로부터 그 집안의 가풍과 함께 부모들이 가꾸어 오던 씨앗들을 그대로 물려받아 오면서 살아왔기 때문이 아닐까 생각된다. 하지만 근래에 들어와서 생활환경이 빠른 속도로 변해가면서 부모를 시골에서 모시는 자손이 거의 없이 장성하면 모두 도회지로 분가하여 떠나게 되니 큰 시골집에는 노인들 부부만 남아서 지키는 현실이 되고 말았다. 할머님 댁에도 3남1녀를 두었으나 결혼해서 모두 도회지로 떠났단다. 그래도 다행인 것은 막내가 그리 머지않은 곳에서 살면서 이따금은 부모님에게 힘든 농사일이 있을 때 와서 도움을 주니 아직 내외분이 농사를 지을 수 있단다. 이런 추세라면 누구든 한 분만 몸이 불편하거나 안 계시게 되면 이제 시골에서도 토종을 찾아보기가 정말 어렵게 되지 않을까 하여 크게 우려된다. 할머니, 할아버지가 세상을 하직하는 날, 토종씨앗도 함께 이 땅 위에 뿌려질 수 없게 될 것이기 때문이다.

모두 열네 가지나 되는 많은 토종종자를 한 집에서 찾기란 쉽지 않은 일이다. 더욱이 이곳은 농민들이 대부분 토종을 개량된 보급종이나 종자회사에서 쉽게 1회성 종자나 모종을 사서 심기 때문이다. 이토록 많은 토종을 잘 보존하여 오신 할머님, 할아버님 내외분께 크게 감사하면서 오늘 수집한 이 토종들이 할머니, 할아버지와 오랫동안 이 땅 위에 살아남기를 기원하며 무겁지만 뿌듯한 마음으로 고맙다는 인사를 드렸다.

옛이야기가 된
'푸른지대딸기'와 '채포딸기'
—

 1960년대에 서울과 경기도에서 살았던 나이가 지긋한 사람들이라면 지금도 '딸기'하면 우선 "푸른지대딸기"를 기억할 것이다. 수원에 있었던 서울대학교 농과대학 뒤에 자리잡고 있었던 딸기밭 이야기다. 6월 6일 현충일이면 피크를 이루는 '딸기철'이 있었다. 요즈음은 딸기나 다른 과일들도 제철이 언제인지를 알기가 어렵다. 아무 때나 마트에 가면 어떤 과일이라도 쉽게 살 수 있으니 말이다. 그래서 특히 초등학교에 다니는 어린아이들에게 물으면 전혀 과일의 제철을 알지 못한다. 1960년대만 해도 아직 대형 비닐하우스를 이용해서 딸기를 조기 재배할 수가 없었기에 모든 과일을 제철을 찾아서 먹을 수밖에 없었다.
 현충일이 임박히면 라디오에서는 수원의 푸른지대로 딸기를 먹으러 오라는 홍보가 한창이고, 겨우내 초여름의 햇과일을 기다렸다는 듯이 수많은 인파가 푸른지대로 몰려드는 통에 기차가 늘 만원이었다. 푸른지대 딸기장사가 잘 되어서 현충일을 정점으로 하루 2~3만 명의 손님이 모여들었고, 푸른지대에서 생산된 딸기가 모자라서 수원 인근의 다른 농가나 시장에서 몰래 들여다 공급을 했다고도 한다. 돈을 자루에 담아서 밤이면 차로 은행에 날라다 밤샘을 하여 계산하였다고 한다. 지금은 그 지역이 주인이 바뀌고 요즘 시대에 맞추어 골프연습장으로 바뀌었지만 지금도 그 지역 일대를 푸른지대로 부르고 있다. 나는 서울대 농대를 다니고 있던 터라 해마다 고등학교 동창들이 여자친구들을 동반하고 데이트를 겸해서 잊지 않고 찾아오는 통에 당시 농대 기숙사인 상록사에서 생활하고 있던 나는 주머니에 용돈이 남아 있을 수가 없었던 기억이 새롭다. 덕분에 여러 친구들과는 70대 후반인 지금까지도 가깝게 지낼 수 있으니 좋은 일이다.

푸른지대의 딸기는 1954년 서울농대에서 딸기 대학1호를 분양받아 당시 1,000㎡ 정도로 재배를 시작하였다. 1956년에는 주위의 논밭에 그 50배인 5ha 정도로 재배 면적을 넓혔다. 생산된 딸기는 우선 서울대 농대생들과 수원에 주둔하고 있던 공군 손님들을 유치한 것을 계기로 수원에서 서울로 선전이 되어갔다. 그 후 1960년대에 재배 면적을 더 늘렸고 과잉생산 분으로 딸기주를 제조하기 시작하였으나 경영부실로 1976년에 도산하고 말았다. 한편 푸른지대 딸기의 붐을 따라 서울에서 수원으로 들어오는 지지대 고개 인근인 노송지

맛있게 익은 횡성채포딸기

대를 중심으로 여러 농원들이 딸기농
사를 지어 수원을 딸기의 명소로 만
드는 계기가 되기도 하였다.

당시에 재배하던 딸기 품종은 '대학1호'가 대부분이었으
며 후에 '빅토리아'라는 품종이 일부 심겼다. '대학1호'는 서
울대 농대에서 외국에서 도입된 딸기 품종 중에서 선발한 품
종이다. 딸기 모양이 부정형으로 딸기의 아래 부분이 대체로
편평하고 큰 편이다. 다 익어도 속까지 진하게 붉지 않고, 맛
은 당도가 높지 않은 편이다. '대학1호'에 비하여 '빅토리아'
는 팽이 모양으로 끝이 뾰족하고 크기는 작으며 진홍색으로
당도와 산도가 '대학1호'보다 모두 높다.

심어온 지 100여 년은 된다는 딸기가 있다는 소식을 전해
준 사람은 2014년 지난 해 3월부터 5월까지 횡성군 전체에
서 토종종자를 수집했을 때 수집 도우미로 함께 수집에 참여
했던 오숙민 님이다. 반갑고 고맙다. 역시 한 번 토종과 관계
를 갖고 친해지면 기회를 놓치지 않고 잘 잡는가 보다. 소식
을 듣자마자 일정을 5월 20일로 잡고 바로 수집단원 최복희
님과 함께 출발하였다. 오래 되었다는 딸기가 하루라도 빨리
보고 싶기도 하였고, 한편 지금이 딸기가 익어가기 시작하는
때이기도 해서다.

만나기로 약속한 횡성군 여성농민회 사무실 앞에 도착하
니 벌써 제보자인 오숙민 님과 딸기를 오래 전부터 심어왔다
는 김동수(남, 당시 76세) 할아버지가 와서 기다리고 있었다.

점심을 함께하고 김동수 할아버지 댁을 방문하기로 하였다. 댁이 횡성군 횡성읍 읍상리였는데 이곳은 횡성읍의 복판 5일장이 서는 곳에서 불과 500m 정도 떨어져 있는 곳으로 농토가 거의 없는 시내의 중심지여서 지난 번 수집 때는 들르지 않은 곳이었다.

증조부 때부터 이곳에서 살아왔다는 김동수 할아버지 일가는 형제가 9남매나 되는 번족한 집안으로 4명의 형제가 지금도 횡성에 살고 있다. 해방 전인 1940년 이전부터 횡성읍 북천리에 채포집이 있었다고 한다. 채포집이란 채소를 재배하는 집이라는 뜻이란다. 채포집에서 딸기를 재배하였는데 그 딸기는 그대로 먹기도 하였지만 빙수를 만들어 그 위에 얹어서 먹으면 맛이 아주 좋았던 기억이 있단다. 지금도 '이찌고(일본말로 딸기)'라는 말이 기억이 난단다.

환경운동을 해 왔던 김동수 할아버지가 어렸을 적에 채포집에서 얻어다 심었다는 딸기가 집안 앞뜰에 100㎡ 정도 심겨져 있다. 잘 가꾸어서 병든 잎 하나 없이 딸기가 주렁주렁 달려 있고 먼저 열린 것들이 벌써 빨갛게 익어가고 있었다. 모양은 '대학1호' 딸기를 연상시킬 정도로 딸기의 아랫부분이 편평한 것이 대부분이었고 끝이 뾰족한 것도 일부 보였다. 크기는 크지 않았지만 '빅토리아' 품종보다는 알이 크다. 익은 딸기의 색은 짙게 붉고, 당도와 산미가 짙고 과즙이 많아서 요즈음 시판되는 딸기보다는 훨씬 맛이 좋다. 이 딸기는 여러 면으로 유추해 보아도 '대학1호'나 '빅토리아'는 아니며 아마도 일본인들이 일본에서 일찍이 1900년 초에 가져다 심은 것으로 추정된다. 지금의 이 딸기는 횡성 지역에서 100여 년을 살아온 딸기로서 더욱이 김동수 할아버지가 다른 곳에 있는 아파트로 이사를 하게 되어 현재 다른 곳에서 찾을 수 없는 멸종 위기의 딸기이기에 우리가 보존하지 않으면 안 될 중요한 토종자원이라고 여겨진다. 오랫동안 재배되어 온 지역과 본래 심었던 집의 이름을 따서 이 딸기를 '횡성채포딸기'로 부르기로 한다. 특히 횡성채포딸기는 맛이 뛰어나고 병이 거의 없는 내병성 품종으로 보통의 재배나 새로운 딸기 품종 육종을 위해서도 충분한 가치를 보여줄 것으로 생각된다.

김동수 할아버지는 딸기 묘를 분양하여 줄 양으로 미리 작은 비닐 포트에 심어 길러 놓은 딸기 모종을 보여주시면서 지금 가져다 심어서 새로 나오는 런너에서 나오는 싹을 심어야 내년에 딸기를 잘 따 먹을 수 있다며 재배법까지 자상히 일러주신다. 이렇게 귀한 우리의 토종자원을 없애지 않고 잘 보전해 오신 할아버지께 다시 한 번 고마움을 전한다. 횡성채포딸기를 찾아가면서 혹여 '대학1호'가 아닐까 하는 기대를 하였었는데……. '대학1호' 딸기는 지금 어디에서 자라고 있을는지? 옛날 1960년대의 '대학1호' 딸기의 화려했던 데뷔 시절의 모습을 다시 한 번 보면서 젊고 패기에 찼던 대학 시절로 되돌아가고 싶다.

에필로그

씨앗은 우주요, 토종은 생명이다

작은 우주와 같은 생명의 보고이자, 삶을 풍요롭게 한 씨앗!

종자는 생명이며, 작은 우주이다. 종자는 그 속에 수십만 가지 다른 모습과 자신보다 수만 수억 배가 넘는 크기가 각기 다른 식물을 품고 세상에 자신의 모습을 드러내기 위하여 수십 수백 년을 참으면서 발아할 수 있는 최적의 조건을 기다린다. 먼지만한 크기의 난초 종자나 머리통만한 크기의 야자열매나 종자 한 알 속에는 저마다 독특한 하나의 생명의 신비로운 정보를 간직하고 있다.

종자 속에는 식물마다 다른 신비로운 정보와 함께 스스로 자생해서 홀로 살아남을 수 있는 영양분과 힘을 갖고 있다. 식물의 자손인 종자는 스스로 부모로부터 멀리 떨어져서 종족이 더 넓게 퍼져 살기 위한 방법을 안다. 민들레는 낙하산을 달고 바람을 따라 하늘높이 날아 멀리 퍼지고, 단풍은 날개를 달고 날아가며, 또 봉선화는 누가 건드리면 터져서 자기 크기의 수천 배를 튀어 달아난다. 도깨비바늘은 종자 끝에 갈고리를 만들어 동물에 붙어서 멀리 바다를 건너서 갈 수도 있다. 사과, 자두, 앵두, 벚나무 등 과일 속에 들어 있는 종자는 새나 짐승의 먹이가 되어 멀리 가면 분변 속에서 나와 싹을 틔운다. 봄이면 산속에서 환하게 꽃피어 멀리서 보아도 잘 보이는 산벚꽃이 그 예이다. 버찌를 따먹은 새가 날

271

아가서 배변한 곳에서 싹이 터서 나와 자란 벚나무다.

사람은 종자를 가장 멀리 퍼뜨리는 존재이다.

벼, 밀, 옥수수처럼 종자를 곡물로 먹는 화곡류(禾穀類, 곡식류)는 약 1만 년 전인 신석기 시대 이후로부터 인간이 정착 생활을 하는데 겨울에도 저장하였다가 먹을 수 있는 가장 중요한 식량이 됨으로써 종자를 퍼트릴 수 있었다. 밀은 아르메니아에서 전 세계로, 벼는 인도의 아샘 지방과 중국의 윈난성으로부터 전 세계로, 옥수수는 중앙아메리카로부터 전 세계로, 그리고 콩은 한반도를 포함하는 중국 북동부로부터 전 세계로 전파되었다. 인류가 종자를 심어 가꾸면서 농사가 시작되었고 비로소 인류문화가 형성되기 시작하였다. 고대 로마의 농사의 여신인 '케레스(Ceres)'로부터 기원된 말이 오늘날 곡물을 '시리얼(Cereal)'이라 칭하게 되었다. 《구약성서》「창세기」47장 19절에 "우리에게 종자를 주면 우리가 살고 죽지 아니하고 전지도 황폐치 아니 하리이다"라고 쓰여 있다. 종자 없는 인류를 상상할 수가 없다.

화곡류는 곡물 중에서도 가장 중요하다. 사람이나 동물에게 90% 이상의 힘의 원천이 되는 탄수화물과 몸체를 이루는 피와 살이 되는 단백질 외에도 주요 성분을 갖고 있기 때문이다. 화곡류 중에는 세계 3대 곡류인 벼, 밀, 옥수수 외에도 보리, 조, 수수, 귀리, 호밀 등이 주요한 작물이다.

화곡류 다음으로 중요한 작물은 콩과작물이다. 콩, 완두, 땅콩, 강낭콩 외에도 많은 콩과작물은 인간의 균형 잡힌 영양 섭취를 위해서 풍부한 단백질, 지방질, 당질 그리고 미량 요소도 많이 들어 있다. 잎이나 줄기, 열매, 뿌리가 먹을거리가 되는 여러 가지 채소가 종자로 그 후대를 이어가고, 아름답게 꽃을 피우고 좋은 향기를 주어서 우리의 눈과 마음을 즐겁게 하는 봉선화, 금송화, 채송화, 분꽃, 과꽃 등 갖가지 꽃들도 종자가 그 생명을 후대로 물려준다.

종자는 그 용도가 식량이나 채소 등 먹을거리와 눈으로 보는 관상용 외에도 코로 느끼는 방향성 식물과 인간 몸의 병을 치료해 주는 약용식물, 옷을 지어 입을 수 있는 섬유용 식물, 기름을 짜는 유지용 식물 등 인간의 생활양상이 복잡해지고 발전해갈수록 보다 다양한 종류의 식물들을 재배의 목표로 삼아왔다.

이렇게 종자는 인류의 역사와 함께 해왔으며 앞으로도 인류가 살아 있는 한 함께 해야 될 운명이다. 종자는 지역을 옮겨가면서 식물을 퍼트려 왔다. 종자가 한 지역에 떨어져 생명의 싹을 틔우면 그 싹은 종자가 가지고 있던 각각의 특유한 유전 정보에 따라서 삶을 이루게 되며 10년, 20년, ……, 100년 이상 장기간을 대를 거듭하며 살아가는 동안에 그 지역의 환경에 순화 적응되고 특성이 그 지역에 알맞은 형태로 변하게 된다. 때로는 자연 상태 하에서, 때로는 농민의 손에 의해서 재배되고 선발되는 과정을 거

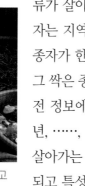

농민의 손에 의해서 재배되고 선발되는 과정을 거치면서 그 지역의 토종이 되는 종자

치면서 진화되어 그 지역의 토종이 된다. 한반도에는 우리의 토종이, 다른 나라에는 그 나라의 기후 풍토에 적응된 토종이 살아남아 있는 것이다.

이처럼 우리의 "토종은 한반도의 자연생태계에서 대대로 살아왔거나 농업생태계에서 농민에 의하여 대대로 사양 또는 재배되고 선발되어 내려와 한국의 기후풍토에 잘 적응된 동물, 식물 그리고 미생물이다."라고 「한국토종연구회」에서는 토종을 정의하고 있다. 토종은 5,000년 우리의 역사와 함께 살아오면서 한민족의 피가 되고 살이 되었으며, 민족의 정신을 이루었다.

우리는 조상으로부터 물려받은 이 귀중한 우리 고유의 보배 토종종자를 우리의 후손들에게 고스란히 물려줌으로써 후손들의 온전한 삶의 기틀을 마련해 줄 의무가 있다.

유전인자 획일화로 병충해 피해 늘어…….

지구에 동물이 생겨나기 시작한 5억 4,000만 년 이후 지구상에는 다섯 차례의 대멸종이 있었다. 가장 최근에 있었던 다섯 번째의 지구상의 대멸종은 6,500만 년 전 멕시코 유카탄 반도에 혜성이 충돌한 것이 원인이었다. 이때 공룡도 사라졌다. 그런데 지금 지구의 여섯 번째 대멸종이 인간에 의해서 일어나고 있다고 한다.

인류가 재배해 왔던 작물이 세계에서 75%가 사라졌고 (FAO), 미국은 95%나 된다. 전 세계 음식의 60%가 밀·쌀·

옥수수에 의존하고 있으며, 그 종자 생산량의 90%가 몇 개 안 되는 품종으로 국한된다. 그 예로 전 세계 사과 생산량의 90%가 4가지 품종으로 이루어진다. 전 세계 생물 종은 1,400만 종이다. 그 중 종자식물이 25만 종인데 매년 2만 7,000종이 멸종된다고 하며 2030년에는 25% 정도가 소멸될 것이라고 추정하고 있다. 우리나라의 토종작물은 1985년을 기준으로 볼 때 8년 후인 1993년에는 74%가 소멸되었으며 다시 7년 후인 2000년에는 12%가 또 소멸되었다. 그 예로 전국의 논에 '추청', '주남', '일미', '동진1호' 등 4품종이 전면적의 51%를 차지한다. 일제 말기에 조사된 〈조선도 일람〉에는 1,451품종의 벼가 기록되어 있으나 현재는 벼 장려품종이 160여 품종이다.

우리나라는 1978년 벼 230만 섬이 감소되는 큰 흉년을 맞았다. 노풍, 내경 등 통일계 벼 품종이 80%나 심겨짐으로써 내병성 유전인자의 획일화로 당시에 만연했던 목도열병의 피해를 입은 것이었다. 1845~46년엔 아일랜드에 감자역병이 만연하여 100만 명이 굶어죽고 150만 명이 미 대륙으로 이주하였다. 당시 아일랜드에는 감자를 단일 품종으로만 심었기 때문이다.

농가의 재배 작물을 다양화하고 다양한 토종을 재배함으로써 작물 유전인자의 획일화에 따른 병충해의 만연을 피해야 한다. 농민들이 종자상회로부터 사다 심는 F1 종자 등의 상업용 종자들은 대부분이 육종 소재가 거의 비슷한 품종들이 많기 때문에 유전인자도 많이 획일화되어 있다. 앞으로 이러한 경향은 점차 심화되어 갈 것으로 보여서 유전인자의 다양성을 넓히기 위해서 토종종자의 중요성이 더욱 커져가고 있다.

다양한 환경이 만든 종(種)의 다양성

한반도는 중위도 온대성 기후대에 위치하여 봄, 여름, 가을과 겨울의 사계절이 뚜렷하고 연 평균기온 10~16℃이며, 가장 무더운 달인 8월은 23~27℃, 최저 기온은 −20℃ 이하이며 최고 기온은 35℃ 이상 된다. 지형은 남북으로 긴 반도여서 겨울에도 남쪽은 따뜻하고 북쪽은 춥다. 또 산지가 70% 정도로 해발 고도의 차가 크다. 한반도가 형성된 이래, 이렇게 다양한 지형과 기후 조건하에서 자생하면서 수억 년을 진화해 온 생물상이 극히 다양할 수밖에 없다. 그 결과 우리나라는 땅의 넓이로는 지구 육지 면적의 0.163%이지만 지구상의 유관속식물 종(種)의 수로는 지구상 전 유관속식물 종 25만 종의 1.95%인 4,884분류군으로 땅 넓이에 비하여 12배나 되는 다양한 식물자원이 분포한다. 그 중에서도 지구상에서 한국에만 분포되어 있는 한국 특산 식물(Korean endemic plant)은 등록된 것만 328분류군이나 된다.

한반도가 원산지인 콩을 제외한 우리가 매일 주식으로 먹고 있는 내부분의 곡류나 채소, 과수와 특용작물 능은 수천 년 전 우리 민족이 한반도에 정착하면서부터 세계 각 작물의

276

기원지로부터 전래된 것들이다. 오래 전부터 한반도에 전래되어 온 각종 작물들의 종자는 한반도라는 특수한 기후 조건 하에서 우리 선조들에 의하여 선발·육종되어 한반도에 잘 적응되는 특성으로 진화해 왔다. 각종 작물들은 서로 다른 지방이나 같은 지방에서라도 산골짜기마다 다른 다양한 한반도의 기후 조건에 맞추어 극히 다양하게 수많은 재배종으로 분화되었다. 그것은 현재까지 한반도의 각 지방에서 수집되어 보존되고 있는 작물의 종과 재배종들의 다양함을 보아 짐작할 수 있다. 현재 농촌진흥청 국립농업유전자원센터에 보존되어 있는 특성이 서로 다른 작물 토종종자는 총 3만 8,572점이다. 천문학적인 다양한 유전인자를 보유하고 있는 벼 4,988점, 밀과 보리 4,652점, 콩과 두류 1만 3,978점 및 조·수수·기장 등 잡곡이 6,328점, 각종 채소와 꽃류 2,572점, 참깨·땅콩 외 특용작물이 442점이 과학자들에 의하여 새로 태어날 미래를 꿈꾸며 잠들어 있다.

농부가 육종가다

토종은 한반도에 오래 전부터 있었거나, 오랜 기간 한반도의 한 지역에서 기후 환경에 적응된 생명체인 것이다. 토종은 수천, 수백 년 동안 우리 선조 농민들의 손에 의해서 재배되어 오면서 한반도의 기후와 환경에 적응되어 왔다.

선사시대 채집경제 시대를 지나서 정착생활을 하면서부터 인류는 주변 가까이에 작물을 심기 시작하였고 심은 작물을 수확하여 먹고는 씨앗으로 일정량을 보존해야 그 다음 해에 다시 씨를 뿌릴 수 있다는 것을 알았을 것이다. 그러므로 예로부터 농부들은 씨앗을 어떻게 보관해야 다음 해까지 살려서 다시 파종할 수 있는지도 알게 되었을 것이다. 그 방법이 오늘날 농민들이 씨앗을 보존하는 방법으로 그대로 이어져 왔을 것이다.

농부에 따라서 종자를 보존하는 방법이 천차만별이다. 대부분 종자를 거두고 간수하는 것은 여성 농민들의 몫이다. 곡성군 삼기면 의암리 반석마을 정순애(여, 당시 80세) 할머니는 페트병을 활용하여 마른 씨앗을 담고 뚜껑을 꼭 막아서 플라스틱 통에 담아 놓는다. 강화군 삼산면 석포리 고영자(여, 당시 66세) 할머니는 플라스틱 병이나 캔에 담아서 보관한다. 또 강화군 삼산면 매음리 이옥련(여, 당시 61세) 할머니는 플라스틱 병, 유리병, 캔에 담아서 방안의 장에 정성껏 예쁘게 보관한다. 건조하기 때문에 좋은 방법이 될 수도 있겠다. 곡성군의 오삼면 단사리 김옥금(여, 당시 64세) 할머니는 씨앗을 종이봉지나, 비닐 자루에 담고 이름과 날짜를 기록한다. 평창군 진부면 거문리 김춘기(여, 당시 81세) 할머니는 황차조나 메옥수수를 이삭 혹은 자루채로 추녀 밑 기둥에 걸어서 보존한다.

중요한 것은 여러 가지 방법으로 보존하더라도 1~2년은 무사히 보존할 수 있도록 저장하고 있다는 것이다. 거의 대부분 농가에서는 1년이 지난 종자를 쓰는 예가 많지는 않다.

그러므로 종자의 수명이 1년만 가면 만족하기 때문에 쉽게 구할 수 있는 용기에 담아서 상온인 부엌의 찬장, 신발장, 광 등에 보관하거나 이삭채로 처마 끝이나 마루 혹은 방안에 걸어 놓는다.

농부가 육종가이다. 농부 중에서도 특히 여성 농부가 그렇다. 평창군 진부면 거문리 김춘기(여, 당시 81세) 할머니의 메옥수수는 팔뚝만하다. 옥수수 한 자루에 옥수수 알이 무려 540여 개나 달릴 정도로 크다. 아주머니는 옥수수를 1,500여 평 심는데, 여물어서 딸 때 내년에 씨앗을 할 것으로 큰 것만 골라 따서 이렇게 매달아 놓는단다. 그리고 이듬해 봄에 한 꺼번에 털어서 씨앗으로 심는단다.

그것이 바로 아주머니가 육종을 하시는 것이다. 이런 것이 육종의 가장 간단하고 효과적인 방법이다. 옥수수는 타가수분 작물이어서 다른 여러 개체의 꽃가루와 함께 교잡이 되어야만 최소한 현재의 상황이 유지되고 또 퇴보하지 않고 나아질 수 있기 때문이다. 할머님은 이런 일을 젊어서부터 계속해 왔단다. 모르는 사이에 육종을 하신 결과이다. 정선군 화암면 용소길 이순옥(여, 당시 68세) 할머니의 흰찰옥수수도 같은 방법에 의한 결과로 크고 실한 옥수수를 매년 심고 있다.

한춘혜(여, 당시 72세) 할머니의 둥근시금치의 경우는 전혀 다른 방법이다. 일반적으로 토종 시금치는 씨에 뿔이 돋쳐서 한여름 씨앗을 받아 정선하려면 자주 찔리기 일쑤이다. 또 뿔시금치는 잎의 결각이 깊다. 그래서 강화 불은면에

강화군 강화읍 심옥순(여, 당시 81세) 할머니가 육종한 가시가 없는 둥근시금치 씨앗

서 평생 살아오신 한춘혜 할머니는 여름에 시금치 씨앗을 받을 때 씨앗이 둥글게 생긴 것만 계속해서 받아 두었다가 심었단다. 10여 년을 계속 그렇게 했더니 지금은 둥근 씨앗에 결각이 적은 잎의 둥근 시금치가 되었단다.

강화 흰순무를 육종한 강화군 내가면 배용금(여, 당시 71세) 할머니는 또 다른 방법으로 흰순무를 만들었다. 본래 순무를 심으면 순무의 껍질이 자줏빛을 띤다. 그런데 이따금은 흰 빛을 띠는 순무도 있다. 그래서 배용금 할머니는 흰순무를 만들어 보려고 전부터 흰순무를 볼 때마다 그것만 골라서 심곤 하였다. 그러자 해가 지나면서 흰순무만 남게 되었다고 한다. 그러나 붉은

강화군 내가면의 배용금(여, 당시 71세) 할머니가 육종한 흰순무

평창군 진부면 거문리 김춘기(여, 당시 81세) 할머니가 육종한 팔뚝만한 메옥수수

순무가 옆에 심겨져 있으면 벌이나 나비가 꽃가루를 날라다 교잡시키므로 다시 붉은 순무가 될 수 있다.

280

가장 오래된 육종법이 바로 전부터 농부들이 해오던 육종법이다. 여기에 붙여진 이름이 "집단도태법"으로, 가장 오랜 역사를 갖는 육종 방법이다. 농민이 자기의 논밭에서 작물을 재배하면서 제일 잘 생기고, 크고, 병이 들지 않은 열매나 이삭을 수확 전에 먼저 따서 매달아서 말려두었다가 종자를 받아서 다음 해에 심는 것이다. 보통은 농사를 지으면서 미리 좋은 것을 봐두었다가 잘 익으면 따서 종자로 쓴다.

농부가 농사를 짓노라면 주변에 심은 다른 품종으로부터 나비나 벌 등의 곤충에 의해서 혹은 바람에 의해서 자연교잡이 이루어지거나, 작물 자체의 돌연변이 또는 과수의 경우 새싹의 눈에 변이가 오는 아조변이에 의하여 변이가 생성된다. 이렇게 생긴 변이는 모양, 크기, 색택, 품질, 수량성, 맛이나 내재해성 등이 농민들의 눈에 띄어 선발 당하게 됨으로써 토종이 개량되고 길게는 그 지역의 기후환경에 적응된 품종으로 진화하여 가는 것이다.

세상을 빛낸 우리 종자

농업연구 업적으로는 세계 최초로 노벨평화상을 수상한 보로그 박사가 육종한 키가 작은 반왜성 밀이 인도, 파키스탄 멕시코 등지에서 1960년대에 녹색혁명을 일으킴으로써 굶어 죽어가는 많은 사람들을 살려낼 수 있었다. 본래 키가 커서 잘 쓰러지는 밀 품종이 앉은뱅이밀의 유전자가 들어감으로써 키가 작게 되어 쓰러지지 않아서 기존 품종 대비 5~6

키가 70cm 정도로 작아서 잘 쓰러지지
않는 앉은뱅이밀(왼쪽)

배의 높은 수량을 내게 된 새 품종 반왜성 밀은 세계에서 1억ha 이상에 걸쳐 심겨지고 있으며 이것은 실로 세계 밀 재배 면적의 25%에 해당하는 면적이다. 반왜성 밀 품종 속에는 언제 없어졌는지도 확인되지 않는 한국의 토종인 "앉은뱅이밀"의 유전자가 들어 있다.

앉은뱅이밀의 이삭

　최근 우리나라가 미국으로부터 연간 120만 톤 정도를 수입하고 있는 콩은 그 원산지가 만주를 중심으로 한 한반도이다. 미국에서는 1901년부터 1976년 사이에 한국에서 5,496점이나 되는 재래종 콩을 수집해 갔으며 미국에서는 우리나라에서 수집해 간 콩 품종으로 2003년까지 미국의 콩 178품종을 육종하였다. 이것은 미국이 육종한 콩 품종 466품종의 38.2%나 된다. 최근 각광을 받고 있는 비린내 나지 않는 콩의 선조인 PI 86023, PI 408251, PI 13326 등 리폭시게나제 인자 결핍 품종이나 트립신 인히비터가 결실되어 대두 단백질의 소화율을 높일 수 있는 "금두"는 모두 우리나라의 토종이다.

　　지금부터라도 고유 종자의 가치 발견을……
　생물 종자자원은 국제적으로도 정보, 금융, 기술자본주의

대물림해 온 고유의 토종종자

세계 1종1속의 한국 고유인 미선나무

세계 제일인 한국의 인삼

에서 유전자원을 모태로 한 생명자본주의로 전환하고 있다. 현재 세계 종자시장 규모는 2016년 70조 원 내외에서 2022년 100조 원에 육박할 것으로 추정하고 있다. 여기에 생명공학기법은 더욱 활기를 더할 전망이다. 품목별로는 농산 종자가 365억 달러로 전체의 53%를 점유하고 있다. 수퍼 푸드 종자, 기후 변화 내재해성 품종 등 안정적 먹을거리를 확보하기 위한 종자의 연구가 활발하고, 식품이나 제약 등을 포함한 신물질이나 생리활성물질의 발견과 활용을 위한 종자의 역할이 더욱 중요해져 가고 있다.

국제적인 종자의 배타적 독점권을 인정하고 있는 국제식물신품종보호연맹(UPOV)에 우리나라는 2017년 9,593품종, 보호권 등록은 6,931품종을 기록했다고 국립종자원이 밝혔다. 69개 회원국에서 연간 1만 여 품종이 배타적 권리를 획득하고 있으며 우리나라는 로열티로 2009년 한 해에 228억 6,000만 원을 지불했다.

신약이 막대한 부가가치를 창출하는 산업으로 부각되면서 식물 종자자원은 최근 천연물 신약개발의 보고로서 각 국가 간에 치열한 경쟁을 보이고 있다. 예를 들면 이미 오래 전부터 개발되어 세계적으로 중요하게 활용되고 있는 버드나무에서 추출된 해열제 아스피린을 비롯하여 주목에서 나온 항암제 텍솔, 은행나무 잎에서 나온 혈액순환개선제 징코민이 일상화된 지 오래다. 인도나 네팔 등지에서 자생하는 스타아니스라는 식물의 열매에서 나온 독감 치료제인 타미플루는 연간 몇백 억 달러의 부가가치를 내고 있다. 우리나라에서도 동아제약에서 나팔꽃 씨와 현호색의 덩이줄기 추출물로 만든 위장 치료제 모티리톤정(DA-9701)이 출시되었다. 녹십자에서는 방풍 등 6가지 천연물로부터 만들어진 소염, 진통, 골관절염 치료제인 신바로 캡슐의 개발로 5년 내에 500억 원의 매출을 목표로 하고 있다.

2011년 이전에 출시된 천연물 시약으로도 동아제약이 애엽(황해쑥, Artemisiae argyi)의 추출물로 만든 위염 치료제 스티렌정이 있으며, SK케미칼이 개발한 골관절염 치료제 조인스정은 위령선·과루근·하고초 등의 추출물로 만들었고, 구주제약에서는 이탈리아 벌에서 뽑은 봉독으로 제조한 아피톡신이라는 골관절염 치료용 주사제를 개발하기도 하였다. 또 「한국생명공학연구원」에서는 2006년 긴산꼬리풀(Pseudolysimachion longifolium) 추출물로부터 분리된 카탈폴 유도체를 항염, 항알레르기 및 항천식 활성을 갖는 알레르기 및 천식의 예방 및 치료를 위한 약학 조성물로 특허를 받기도 하였다. 현재도 많은 대학, 연구기관, 제약회사 혹은 개인 연구가 등이 천연물 신약 개발에 노력을 경주히고 있어서 머지않은 장래에 큰 성과를 기대할 수 있을 것이다.

우리나라 고유 생물 종자 속에는 고려인삼처럼 오래 전부터 효능이 알려져 내려와서 세계적으로도 이름이 나 있는 토종들도 있거니와 숨어 있는 3만 여 우리 고유 종자들 속에는 앞으로 우리가 찾아 쓸 수 있는 무수히 많은 유전인자가 숨어 있다. 신약 개발과 더불어 신기능성 물질, 식물성 식용색소, 바이오에너지원의 개발 외에도 한민족이 후대를 이어가며 생존을 영위하고 역사를 이어가는 동안 필요한 더 많은 것들을 해결해 줄 수 있는 우리의 고유 생물자원이 우리 주변에 우리와 영원히 함께 할 수 있도록 잘 보존하고 계발하여야 한다.

국가 차원의 지속적이고 계획적인 투자를……

한반도에 예로부터 전해 내려온 고유 생물자원을 잘 보존하고 활용하기 위하여 우선 아직도 발견하지 못한 자원들을 소멸 전에 더 찾고, 보존중인 자원에 대하여는 유전자 분석과 함께 그 특성을 면밀히 조사하며, 유전자 감식(DNA Propile)으로 다른 나라로부터 우리 고유의 것임을 인증할 수 있게 하여야 한다. 한편 모든 고유 생물자원은 자연 상태 하에서 현지 보존(in-situ)하여야 한다. 자연환경은 지구의 기상 변화나 생태계의 변이에 따라서 변화되어가며 고유 생물자원 또한 처해 있는 자연환경의 변이를 따라서 진화되어 가야 하기 때문이다. 고유 생물자원을 활용한 미래 산업의 국제경쟁에서 앞서기 위하여 할 때이다.

소멸 위기 식재료 및 음식 보전 프로젝트
대한민국 '맛의 방주(Ark of Taste)' 100

2018년 11월 기준, **등재순번, 등재명, 영문명, 지역, 등재년도** 순입니다.

※ 저자 안완식은 국제슬로우푸드 한국협회의 전 맛의 방주위원장이었으며,
〈대한민국 맛의 방주〉 No.1~No.99까지의 맛의 방주 목록을 등재하였다.

1. **제주푸른콩장**, JejuIslandFermentedSoybeanPaste, 제주도, 2013
2. **앉은뱅이밀**, Anjeunbaengi Wheat, 경남 진주, 2013
3. **섬말나리**, Hanson's Lily, 울릉도, 2013
4. **칡소**, Chik-so Cattle, 울릉도, 2013
5. **연산오계**, YeonsanOgye Chicken, 충남 논산, 2013
6. **제주흑우**, Jeju Native Black Cattle, 제주도, 2013
7. **장흥돈차**, Don Tea, 전남 장흥, 2013
8. **태안자염**, Taean Distilled Salt, 충남 태안, 2014
9. **감홍로**, Gam-hongro, 경기 고양, 2014
10. **먹골황실배**, MeokgolHwangsilPear, 경기 남양주, 2014
11. **을문이**, Eulmooni, 충남 논산, 2014
12. **먹시감식초**, MeoksiPersimmonVinegar, 전북 정읍, 2014
13. **어간장**, FishSoySauce, 충남 논산, 2014
14. **어육장**, FishandMeatPaste, 충남 논산, 2014
15. **예산삭힌김치**, Yesan Sakhin Kimchi, 충남 예산, 2014
16. **예산집장**, Yesan Soybean Paste, 충남 예산, 2014
17. **울릉옥수수엿청주**, Ulleung Fermented Corn Drink, 울릉도, 2014
18. **울릉홍감자**, Ulleung Red Potato, 울릉도, 2014
19. **울릉손꽁치**, Ulleung Hand Caught Saury, 울릉도, 2014
20. **제주강술**, Jeju Kangsool, 제주도, 2014
21. **제주꿩엿**, Pheasant Yeot, 제주도, 2014
22. **제주댕유자**, Dangyuja Pomelo, 제주도, 2014
23. **제주순다리**, Sundari, 제주도, 2014
24. **제주재래감**, Jeju Persimmon, 제주도, 2014
25. **제주재래돼지**, Jeju Native Black Pig, 제주도, 2014

26. **마이산청실배**, Maisan Green Pear, 경기 남양주, 2014
27. **토하**, Toha Freshwater Shrimp, 전남 강진, 2014
28. **현인닭**, Hyunin Native Chicken, 경기 파주, 2014
29. **김해장군차**, Gimhae Jang-gun Tea, 경남 김해, 2014
30. **담양토종배추**, Damyang Native Cabbage, 전남 담양, 2014
31. **게걸무**, Gegeolmu, 경기 화성, 2014
32. **동아**, Dongah, 경기 남양주, 2015
33. **골감주**, Golgamjoo, 제주도, 2015
34. **산물**, Sanmul, 제주도, 2015
35. **다금바리·자바리**, Dageumbari·Jabari, 제주도, 2015
36. **제주오분자기**, Jeju Obunjuak, 제주도, 2015
37. **감태지**, Gamtaeji, 전남 완도, 2015
38. **낭장망 멸치**, Nangjangmang Anchovy, 전남 완도, 2015
39. **지주식 김**, Racks Laver, 전남 완도, 2015
40. **파라시**, Parasi, 전북 완주, 2015
41. **황포**, Hangpo, 전북 전주, 2015
42. **보림백모차**, Borim Backmocha, 전남 장흥, 2015
43. **하동객살차**, Hadong Jaeksul Cha, 경남 하동, 2015
44. **밀랍떡**, Milrap Tteok, 경기 양평, 2015
45. **작주부본 곡자발효식초**, JakjububonGokja Fermented Vinegar, 충북 예산, 2015
46. **누룩발효곡물식초**, Nuruk Fermented Grain Vinegar, 경북 예천, 2015
47. **떡고추장**, Tteok Kochujang, 충남 논산, 2015
48. **마름묵**, Water Chestnut Jelly, 전북 정읍, 2015
49. **미선나무**, Miseonnamu, 충북 괴산, 2015
50. **산부추**, sanbuchu, 경기 양평, 2015
51. **수수움팡떡**, Susuompangtteok, 경기 김포, 2015
52. **자연산 긴잎돌김**, Ginipdolgim, 울릉도, 2015
53. **제비쑥떡**, Jaebissuktteok, 전남 나주, 2015
54. **준치김치**, Junchi Kimchi, 경기 평택, 2015
55. **칠게젓갈**, Chilgaejeotgal, 전북 고창, 2017
56. **돼지찰벼**, Dwaeji-Chalbyeo Glutinous Rice, 경기 전역, 2017
57. **고종시**, Kojongsi Persimmon Of The Wanju County, 전북 완주, 2017
58. **웅어**, Ung-eo Fish, 경기 전역, 2017
59. **자리돔**, Jaridom Fish, 제주도, 2017
60. **우뭇가사리**, Umutgasari, 제주도, 2017
61. **는쟁이냉이**, Neun-jaeng-i-naeng-i, 강원 철원, 2017
62. **식혜**, Sikhye, 전북 고창, 2017
63. **옥돔**, Jeju Okdom, 제주도, 2017

64. 톳, Jeju Wild Tot, 제주도, 2017
65. 꼬마찰, Muan Baby Corn, 전남 무안, 2017
66. 남도장콩, Nambdo Soybean, 전남 장흥, 2017
67. 갓끈동부, Gatkken Bean, 전남 순천, 2017
68. 바위옷, Bawiot, 전남 신안, 2017
69. 팥장, Patjang, 경북 전역, 2017
70. 조청, Artisanal Jocheong, 전역, 2017
71. 구억배추, Gueok Cabbage, 제주도, 2017
72. 감자술, Potato Makgeolli, 강원 평창, 2017
73. 노란찰, Gangwon Yellow Corn, 강원 인제, 2017
74. 팔줄배기, Paljulbaegi Corn, 강원 횡성, 2017
75. 인제오이, Inje Cucumber, 강원 인제, 2017
76. 능금, Neunggeum Apple, 강원 정선, 2017
77. 신배, Sinbae Pear, 강원 정선, 2017
78. 보다콩, Bodakong Soy, 강원 정선, 2017
79. 수리떡, Traditional Suritteok, 강원 정선, 2017
80. 올챙이묵, Gangwon Corn Noodles, 강원 평창, 2017
81. 율무, Yulmu, 강원 인제, 2017
82. 봉평메밀, Bongpyeong Buckwheat, 강원 평창, 2017
83. 감자범벅, Beombeok Potato, 강원 횡성, 2017
84. 가시고기, Gasigogi, 강원 정선, 2017
85. 칠성장어, Chilseongjangeo, 강원, 2017
86. 열목어, Yeolmogeo, 강원, 2017
87. 오대갓, Odaegat, 강원 평창, 2017
88. 수세미오이, Susemi-Oi, 강원 횡성, 2017
89. 물고구마, Gangwon Sweet Potato, 강원 횡성, 2017
90. 흑산도홍어, Hong-u, Redfish, 전남 신안, 2017
91. 결명자, Korean Cassia Seed, 강원 정선, 2017
92. 대갱이, Daegaengi, 전라도, 2018
93. 강굴, Ganggul, 전라도, 2018
94. 쥐치, Juichee, 전라도, 2018
95. 무릇, Murut, 충청남도, 2018
96. 명산오이, Myeongsan cucumber, 전남 곡성, 2018
97. 제주재래닭, Jeju native fowl, 제주도, 2018
98. 영암어란, Yeongam Mullet Bottarga, 전남 영암, 2018
99. 신안토판염, Sinan Topanyeom, 전남 신안, 2018
100. 갯방풍(해방풍), gaetbangpung, 경북 울진, 2018